K.J.T. 1872

Die

Gobineau-Sammlung

der Kaiserlichen Universitäts- und Landesbibliothek
zu Strassburg

von Ludwig Schemann

Mit drei Tafeln in Lichtdruck

STRASSBURG
Verlag von Karl J. Trübner
1907

Vorwort

AM 14. Juli 1906, als am 90ten Geburtstage Gobineaus, ist die Gobineau-Sammlung der Kaiserlichen Universitäts- und Landesbibliothek zu Strassburg endgültig von der Verwaltung dieser Anstalt übernommen und das für sie bestimmte eigene Zimmer eingeweiht worden.

Eine ausführliche authentische Darstellung des Zustandekommens wie des Inhalts und Charakters dieser Sammlung schien mir, wie durch ihre Bedeutung gerechtfertigt, so durch die Tatsache, dass seinerzeit verschiedentlich unrichtige oder doch ungenaue verfrühte Mitteilungen darüber in die Öffentlichkeit gelangt sind, geradezu geboten. Zu jenen Ungenauigkeiten möchte ich schon die in der Presse gebrauchten Ausdrücke „Gobineau-Museum" und „Gobineau-Archiv" rechnen, von denen ersterer zu anspruchsvoll, letzterer unzutreffend erscheint, daher ich die einfachere Allgemeinbezeichnung, die der Titel führt, vorgezogen habe.

In dem Augenblicke, da ich diese Aufzeichnungen hinausgebe, wird es mir mehr denn je bewusst, wie sehr die Geschichte Gobineaus unter anderem auch ein Stück Zeitgeschichte bedeutet. Möge es mir geglückt sein, in meiner Darstellung unter stellenweise nicht leichten Umständen durchweg treu und wahr zu bleiben.

Sommer 1906 L. SCHEMANN

Inhaltsverzeichnis

Gobineau-Zimmer in Straßburg.

I.

DIE Tatsache, dass einem französischen Schriftsteller auf deutschem Boden schon vor mehr als zwölf Jahren eine eigens auf seinen Namen gegründete, seitdem stetig aufgeblühte Gesellschaft und neuerdings in einer deutschen Bibliothek eine Heimstätte für seinen Nachlass gewidmet worden ist, dürfte wohl in mehr als einer Hinsicht als ausserordentlich bezeichnet werden. So wunderbar sie aber auch Manchem auf den ersten Blick erschienen sein mag, so stand doch wenigstens eines dabei für jeden Tieferblickenden von vornherein fest: dass hier nichts von jener sich wegwerfenden Fremdländerei, jenem frivolen Haschen nach französischen Brocken zweifelhaften Wertes — Dinge, die wir sonst vielfach an den Deutschen leidig gewohnt sind —, überhaupt kein eitles Tagesgefallen im Spiele war, dass vielmehr eine der Quellen uns zugeleitet worden, die von je unser bestes geistiges Leben gespeist haben. Schon der Umstand, dass eine ganze Reihe der ersten Geister aller Gebiete es nicht verschmäht haben, sich der Gobineau-Vereinigung anzuschliessen und so dem Grösseren ihre Huldigung darzubringen, legt hierfür ein sprechendes Zeugnis ab. An den mannigfachsten Symptomen trat es fort und fort zu Tage, dass tiefernste Vertreter weiter Schichten unseres Volkes in Gobineau einen neuen Führer auf den Gebieten der Dichtung und des Gedankens sahen, wie er uns Deutschen seit geraumer Zeit fehlte. Diejenigen zumal, die aus ihrem germanischen Blute allen anderen vorangehende Pflichten für das geistige wie für das soziale und politische Leben sich entnahmen, sammelten sich unter der Fahne des Mannes, der eine aus den Tiefen der Geschichte gewonnene, dem germanischen Fühlen innigst entsprechende Weltanschauung mit der höchsten künstlerischen Kraft zu deren Verkörperung vereinigte. War es doch Gobineau, der schon vor einem halben Jahrhundert die Lehre von dem beherrschenden Range, von der schöpferischen Bedeutung der germanischen Rasse für das gesamte neuere Völkerleben mit volltönender Begeisterung verkündete und zugleich in seiner „Renaissance" ein historisch-dichterisches Meisterwerk hinstellte, das sich als mit den Schöpfungen Shakespeares und unserer grossen deutschen Klassiker urverwandt erwies.

So kennzeichneten und krönten die eingangs erwähnten Ereignisse erst eine ungleich weitergreifende Bewegung, die wenigstens in ihren Hauptzügen kurz zu skizzieren hier geboten erscheint.

Von den gewaltigen Wirkungen Gobineaus, auf die wir heute zurückblicken, hatte vor nicht gar langer Zeit noch kaum Einer bei uns eine Ahnung. Als ich im Jahre 1889 mich seinem Studium ernstlicher zuwandte und seine Einbürgerung bei uns zuerst ins Auge fasste, herrschte Totenstille über ihn wie überall, so auch in deutschen Landen. Wohl hatte gegen Ende seines Lebens Richard Wagner eindringlich, ja begeistert auf ihn hingewiesen, aber die Wirkungen seiner Winke hatten sich doch nur bei seinen allerintimsten Jüngern geltend gemacht und einige literarische Kundgebungen über Gobineau hervorgerufen; wahrhaft winzig war die Zahl Derer, die diesen selbst wirklich gelesen, während er der Gesamtheit auch der Wagner-Gemeinde ein auf die Autorität des Meisters hin mit Pietät, ja mit einer gewissen Ehrfurcht genannter blosser Name blieb. Auch meine Verdeutschung der Renaissance in den Bayreuther Blättern konnte hieran nur das ändern, dass nun wenigstens jene Gemeinde ihn etwas näher kennen lernte.

So musste ich es erleben, dass noch im Jahre 1893 mein Plan einer Übersetzung des grossen Rassenwerkes daran zu scheitern drohte, dass sich kein Verleger dafür finden wollte. Da mir gleichwohl dieses Werk für das deutsche Geistesleben unentbehrlich schien, so wurde eben diese Notlage mir die Veranlassung zur Begründung der Gobineau-Vereinigung (Februar 1894), welche mir dann in wenigen Jahren das nötige Kapital zur Bestreitung der Herstellungskosten zusammenbringen half, sodass das Buch von 1898 ab erscheinen konnte. Wie richtig im übrigen meine Beurteilung desselben und seiner Bedeutung für uns gewesen, bezeugt am besten die Tatsache, dass es, trotz seiner vier Bände, heute schon bis zur dritten Auflage gediehen ist. Nicht auf einzelnes Richtige oder Unrichtige darin kommt es an: das Wesentliche und Unbestreitbare ist, dass für die Weise, wie jetzt und wohl für immer von der Ethnographie, von der Geschichte, von den Staatswissenschaften, ja selbst von der Philosophie die Rassenprobleme behandelt werden, Gobineau über alles Fragwürdige und Zweifelhafte seiner Aufstellungen im einzelnen hinweg als fruchtbarer, tiefgreifender Anreger und Bahnbrecher im grossen entscheidend ins Gewicht fällt, dass er für die wissenschaftliche wie für die staatsmännische Behandlung einer der grossen Lebensfragen unserer Zeit und unserer Zukunft die bedeutsamsten Impulse gegeben hat. Nur nebenbei sei hier daran erinnert, dass er es auch gewesen ist, der die heute in aller Munde widerhallende „gelbe Gefahr" Jahrzehnte vor allen Anderen erschaut und geweissagt hat.

War der Erfolg des Rassenwerkes ein in den Einzelheiten vielfach bestrittener, namentlich insofern der engere wissenschaftliche Charakter des Werkes dabei in Frage kam, so hat dagegen Gobineau mit seiner Renaissance einen künstlerischen Triumph fast ohne gleichen in unserer Zeit gefeiert. Gegen sie ist Widerspruch überhaupt kaum laut geworden. Wohl aber sind alle Register des Lobes von den verschiedensten, ja entgegengesetztesten Vertretern unserer literarischen Öffentlichkeit erschöpft worden. Die Hauptkundgebungen aus der deutschen Welt haben, zusammengestellt, ein Unisono des Enthusiasmus ergeben, wie es auch den Grössten wohl nur selten zuteil wird. Kein Stand, kein Alter, keine Konfession, keine Geistesrichtung hat Unterschiede

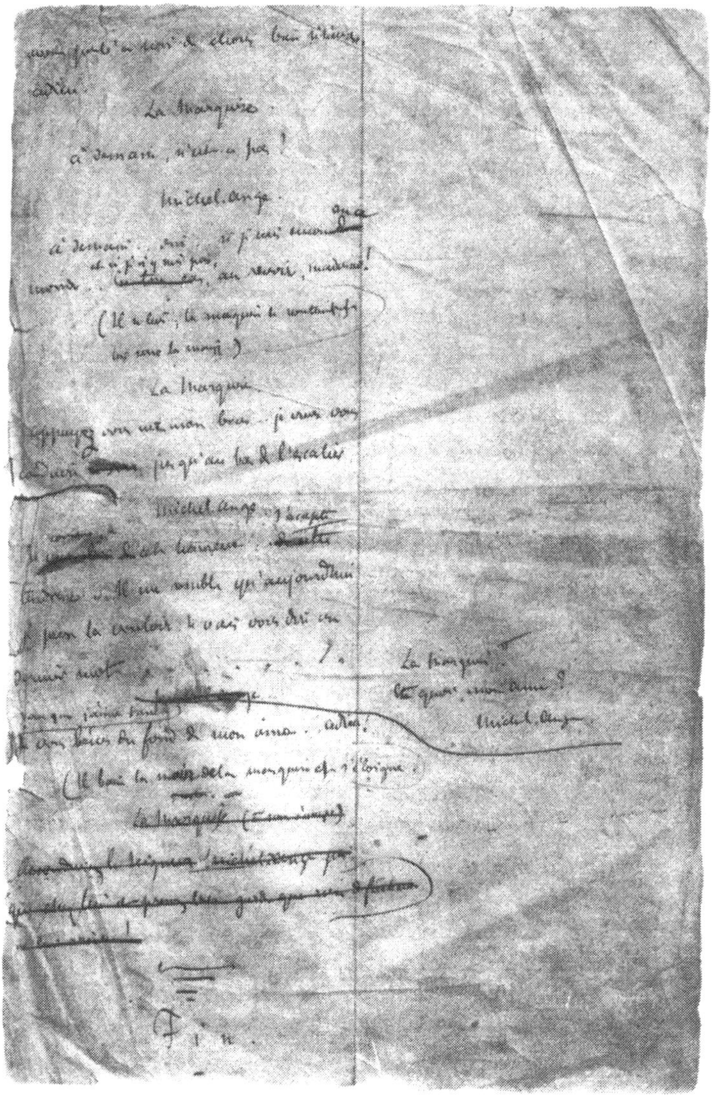

Facsimile des letzten Blattes der „Renaissance".

Nach der in der Kaiserl. Universitäts- und Landesbibliothek zu Straßburg befindlichen Originalhandschrift.

oder Schranken des Verständnisses und der Begeisterung für dieses Werk aufzurichten vermocht. Das deutsche Gymnasium, auf welchem sich auch Gobineaus Alexander-Tragödie zuerst einzubürgern begonnen, hat die Renaissance im Geschichts- und Literaturunterricht in immer steigendem Umfange zur Verwertung gebracht; beide Werke helfen dort den goldenen Notschatz des Humanismus und Idealismus mehren, der sich für unsere Jugend als Gegengewicht gegen den bald allmächtigen Naturalismus immer unentbehrlicher erweist.

In der deutschen Familie ist die Renaissance ein vielfach gemeinsam gelesenes Lieblingsbuch. Schauspieler und Rezitatoren haben sich die Aufgabe gestellt, die Wirkungen solcher Gemeinsamkeit zugleich mit denen des lebendigen Wortes in grösserem Umfange in die Öffentlichkeit hinauszutragen, und die feierlichen Sonderdarstellungen, zunächst der Michel-Angelo-Szenen, auf der Bühne in Wien und Leipzig haben die sichtbare Verkörperung mit der tönenden Belebung des gesprochenen Wortes verbunden. Es war nur eine Stimme darüber, dass dies nur einen Anfang bedeuten könne, dass Gobineau der geweihten Festbühne der Deutschen, deren Bedeutung in dem Masse wachsen wird, als das Theater des Alltags heute tief und immer tiefer hinabsinkt, eine der allerwertvollsten Bereicherungen geliefert habe.

So ist es diesem Werke, dessen einzigartige Stellung in der Literatur ziemlich alle seine Beurteiler betont haben, in zehn Jahren gelungen, sich einen dauernden Ehrenplatz in den Herzen der Deutschen zu erobern.

Mit die schönsten Blüten Gobineauschen Geistes sind in seinen Werken über Persien zu erkennen,*) Werken, die zugleich sein eigenstes Wesen widerspiegeln und uns ein verhältnismässig fernliegendes Volkstum wunderbar treu und lebensvoll nahebringen. Insbesondere ist das Buch über die Religionen und Philosophien Zentralasiens von den hervorragendsten Fachgelehrten vierer Länder als klassisch erklärt worden. In den viele Jahre später erschienenen „asiatischen Novellen“ hat er dann den gleichen Gegenstand auch noch künstlerisch behandelt und damit eine Anzahl persischer Kardinaltypen fast populär bei uns gemacht, indes abermals die Kenner in diesen durch Anmut und Zauber der Darstellung wie durch Tiefe des Gehaltes gleich ausgezeichneten kleinen Schöpfungen die weitaus besten, seit tausend und eine Nacht geschriebenen orientalischen Erzählungen erkannt haben.

Wie wenig mit den bisherigen Erfolgen die Gesamtwirkung Gobineaus erschöpft ist, ist schon damit gesagt, dass unter anderm dasjenige Werk, das er selbst, und gewiss mit tiefer Berechtigung, als sein grösstes angesehen hat, „Amadis“, in Deutschland noch kaum mehr als dem Namen nach bekannt ist. Wohl wird dieser seinem esoterischen Charakter nach stets auf intimere Kreise beschränkt bleiben.

---

*) Die beiden längst vergriffenen Werke sind von der Gobineau-Vereinigung neu herausgegeben worden: „Les religions et les philosophies dans l'Asie centrale“, Paris, Leroux, 1899; „Trois ans en Asie“ ebend. 1905.

Aber auch andere Schöpfungen noch harren der Erschliessung und damit der ihnen gewissen Wirkung, wie seine Aphroëssa, seine Pléjades, seine Abbaye de Typhaines, seine Reisenovellen und anderes. Sein Nachlass birgt noch manches gedankenschwere und bedeutsame Blatt, und vor allem wird dereinst die Korrespondenz, von welcher vorerst nur in den Erinnerungen des Fürsten Eulenburg ein allerdings besonders wertvolles Probestück vorliegt, den Beweis dafür erbringen, welch edle und grosse menschliche Persönlichkeit jene Meisterwerke aus sich erzeugt und durchleuchtet hat.

Und doch darf man wohl heute schon sagen, dass unbeschadet aller Bewunderung zahlreicher anderer französischer Schriftsteller wohl nie ein grosser Franzose von Deutschen so geliebt worden ist wie Gobineau. Nur ein kleiner Teil der literarisch, brieflich und mündlich mir über ihn zugekommenen Äusserungen würde genügen, dies nicht als Übertreibung erscheinen zu lassen. Ob es daher kommt, dass in ihm das Germanische im Franzosentum, das Viele mit der Revolution endgültig niedergetreten wähnten, noch einmal machtvoller denn je emporschlug? Wohl wird man das Wesen des Vorgangs hiermit allein nicht erschöpfen, wenn es auch gewiss ist, dass hier eine geistige Grossmacht sich kund tat, bei welcher so tiefgehende Bezüge zum innersten Kerne deutschen Wesens obwalteten, dass sie fast tiefer noch als je Molière oder Rousseau in das deutsche Volksgemüt eingedrungen ist. Nur so erklärt sich der stille und grosse Siegeszug Gobineaus durch Deutschland in diesen letzten fünfzehn Jahren, der, frei wie er war von allen modischen oder sensationellen Zutaten, nur auf die ernstesten, innerlichsten Seiten deutschen Wesens sich gründete und dennoch den weitesten und vielgestaltigsten Kreisen des deutschen Lebens sich mitgeteilt hat. Es war daher wohl begreiflich, wenn mir schon früh der Gedanke kam, alle einzelnen Zeichen dieser in ihrem Gesamtverlaufe wahrhaft erhebenden und den deutschen Namen ehrenden Bewegung, die zudem nach allen Anzeichen ihren Abschluss noch lange nicht erreicht hat, zu sammeln und gesammelt an würdiger Stätte der Nachwelt zu überliefern, und dass, als sich mir vollends die Möglichkeit bot, dies im Anschlusse an die nachgelassenen Geistesschätze und eigenen Andenken Gobineaus zu bewerkstelligen, ich alle Kräfte daran setzte, um jenen Gedanken zu verwirklichen.

Der Geschichte jener Andenken und Nachlassstücke habe ich jetzt zunächst ebenfalls kurz nachzugehen.

II.

GOBINEAUS letzte Lebensjahre bedeuten den Schlussakt eines erschütternden Trauerspieles. Seinem Vaterlande war er entfremdet, als Dichter und Denker auf die Dauer so gut wie unbeachtet geblieben. Seine Vermögensverhältnisse waren verfallen; seine amtliche Laufbahn, sein Familienglück, selbst seine einst den schwersten Stürmen trotzende Gesundheit — das alles lag in Trümmern hinter ihm. Als ein schwer Schiffbrüchiger landete er in Rom. Es war nur eine Wiederholung und gleichsam Abspiegelung der inneren Auflösung, der Zerstörung seiner Erdenhoffnungen, der gänzlichen Abkehr von der Welt, wenn er sich am Ende sogar von seinem Hausrat, ja von seinem alten treuen Diener zu trennen beschloss. Und so wäre denn vielleicht auch das ganze sichtbare Bild seiner unmittelbaren Umgebung für uns zerstoben, wenn nicht dieselbe Freundin, der wir in dem prächtigen Porträt, das unsere Sammlung ziert, seine leiblichen Züge verdanken, auch jenes festgehalten und, fast ohne es damals zu ahnen, in das jetzige Dauerheim hinübergerettet hätte.*)

Diese Freundin, die hochbegabte Malerin Mathilde de La Tour, geb. de Brimont, hatte Gobineau zu eben der Zeit gefunden, da ihm so vieles andere verloren ging: während des Stockholmer Aufenthaltes. Gemahlin des dortigen italienischen Gesandten, war sie doch französischen Blutes. Mit der Zeit ward sie die Seele eines kleinen Freundeskreises, in welchem Gobineau hohe Bewunderung und innigstes Verständnis fand. Sie vertrat so mit einigen wenigen Landsleuten, tiefsympathischen Musterbildern des alten Frankreich, ihr Vaterland ehrenvoll bei dessen grossem Sohne zu einer Zeit, da im übrigen fast alles, was französisch hiess, ihm fern blieb. Sie linderte, soweit dies überhaupt möglich, die Bitternis seiner letzten Zeiten und sorgte treu und liebevoll für sein Andenken, als sie für ihn selber nicht mehr sorgen konnte. Soll ich das Höchste nennen, was wir ihr verdanken, so ist es der Amadis, der 1887 in prächtiger Ausstattung mit wertvoller einleitender biographischer Skizze von ihrer Hand und ihrem Porträt Gobineaus als Titelkupfer auf ihre Kosten erschien. Als Gobineau in einem Gemisch von Überdruss und Apathie darauf verfiel, des grössten Teiles seiner Besitztümer sich zu entäussern, was in den meisten Fällen auf eine Verschleuderung der-

*) Die Gräfin de La Tour hat sich selbst einen genauen Bericht über die hier und im folgenden behandelten Dinge vorbehalten. Was sie für Gobineau und seine Sache bedeutet hat, wird ganz erst erhellen, wenn eines Tages die Dokumente sprechen werden.

selben hinauslief, legte sie sich in einem entscheidenden Falle ins Mittel, indem sie, wie in der Vorahnung, dass diese Dinge der Nachwelt nicht verlorengehen dürften, das Mobiliar und einige Schmuckstücke seines Arbeitskabinetts selbst aufkaufte und für kommende Zeiten bei sich aufbewahrte.*)

Auch sonstige Erinnerungen und Kunstwerke, die ihr Gobineau in seinem Testamente vermacht hatte, sind auf diese Weise gerettet worden. Vor allem aber wurde der Gräfin de La Tour durch die Verfügung seines Testamentes der gesamte handschriftliche Nachlass und die literarischen Rechte übertragen. Ihr Plan, dies alles einst einem Enkel Gobineaus, dem jungen Arthur de Guldencrone, der nach allen Berichten stark an den Grossvater erinnerte, zu übertragen, scheiterte an dessen frühem Tode. So blieb ihr, da hiermit eine dauernde Forterbung in der Familie ausgeschlossen erschien, nur ein ganz anderer Weg zu beschreiten übrig.

Schon bald nachdem ich im Sommer 1896 auf dem der Gräfin gehörigen Schlosse Chaméane in der Auvergne, genau an der gleichen Stätte, wo Gobineau seinen letzten Sommer verbracht und seine letzten

---

*) Es war ein besonders glücklicher Gedanke, Gobineau einen Teil seiner orientalischen Umgebung zu erhalten. Dass er selbst sich gerade in dieser eingerichtet hatte, war ein tief in seinem Wesen begründeter Zug seiner Lebensauffassung und -Führung. Seine persischen Jahre bedeuteten ihm die schönste, sorgloseste Zeit seines Lebens, wie dies auch die vorerwähnte Trias seiner Werke über Zentralasien bezeugt, die den vollkommensten Ausprägungen seines Geistes zuzuzählen sind und eine seltene Harmonie des Seelenlebens widerspiegeln.

Arbeiten geschrieben, den dort aufbewahrten Nachlass erstmalig durchstudiert und katalogisiert hatte, sprach sie mir den Wunsch aus, ich möge auf Grund meiner bisherigen Wirksamkeit für Gobineau mit der Zeit in der Pflege seines Erbes und in der Überwachung und Handhabung seiner literarischen Rechte ganz in ihre Stelle treten, und ich gelobte mir damals, der Frau, die bisher allein so mutig und treu für diese Schätze Sorge getragen hatte, die Hand zu reichen und meinerseits nicht zu ruhen, bis eine Lösung gefunden wäre, um diese der Nachwelt für immer zu erhalten. Laut Schreiben vom 18. Dezember 1898 und späterer mündlicher Vereinbarung übertrug die Gräfin dann zunächst die literarischen Rechte auf die Gobineau-Vereinigung, eine Tatsache, die zwar materiell für diese zunächst nicht sonderlich ins Gewicht fiel, indem einerseits die Gobineauschen Kontrakte durchweg sehr ungünstig für ihn abgefasst, manche Werke auch den Verlegern ganz und endgültig abgetreten waren, anderseits der Verkauf seiner Werke bis dahin fast ganz gestockt hatte, in ideeller Beziehung aber um so bedeutsamer war. Anders lagen dagegen die Dinge, als es sich bald darauf auch um die Übernahme des eigentlichen Nachlasses handelte. Kamen die Erträgnisse der Werke nur für die übliche Autorenschutzfrist in Betracht und war eo ipso anzunehmen, dass diese Frist sich annähernd mit dem Bestehen der Gobineau-Vereinigung decken werde, so war dagegen an letztere, die keine juristische Person, und deren Bestand nicht auf die Dauer gesichert war, als etwaige Besitzerin des Nachlasses nicht zu denken. Für diesen musste einzig auf Dauerndes, Sicheres gesonnen, eine Unterbringung möglichst in aeternum angestrebt werden. Und da nun dennoch die Gräfin der Meinung blieb, dass nach dieser Seite ihre Aufgabe erfüllt sei und die meinige begonnen habe, so ergab sich daraus ein Interim, während dessen ich wohl oder übel der Inhaber des Nachlasses wurde. Nur nach schwerem Kampfe und nachdem ich es anfangs abgelehnt, habe ich mich damals dazu verstanden, diesen wirklich ein paar Jahre unter meinem Dache zu beherbergen. So ehrenvoll es mir an sich erschien, dass Schätze wie die Urhandschriften der Renaissance und des Amadis, alles anderen zu geschweigen, meinem Heim und meiner Hut anvertraut werden sollten, so schwer lastete anderseits der Druck einer Verantwortung auf mir, die, bis es mir dereinst gelungen sein würde, jenen an der rechten Stelle bleibend unterzubringen, mein privates Leben unwillkürlich aller Sorglosigkeit berauben musste. Die grosse Frage war nur, wo, zunächst in welchem Lande, jene rechte Stätte zu finden.

Frankreich schloss sich aus. Hatte ich auch dort einsichtsvolle und hochgesinnte Freunde und Gesinnungsgenossen, so waren doch gerade auch nach deren Aussagen alle etwa in Betracht kommenden Möglichkeiten aussichtslos. Alles stand dort angesichts der allgemeinen Zurückhaltung und Entfremdung unter einem Banne, unter einem Zwange, dem gegenüber der Einzelne ohnmächtig erschien. Gobineau und sein Land hatten kein rechtes Verhältnis zu einander gefunden: dahin sind manche der bisherigen Darstellungen zu berichtigen, von denen die französischen die Schuld an jenem durchaus auf Gegenseitigkeit beruhenden Übelstande bisher meist zu einseitig Gobineau, die deutschen zu einseitig dessen Landsleuten aufgebürdet haben. Eine gewisse Befangenheit und Ungerechtigkeit Gobineaus gegen sein Vaterland und seine Landsleute ist nicht in Abrede zu stellen: er hat vor allem die reichen Schätze französischen Geisteslebens nicht genügend zu nutzen, seinem Geiste zu assimilieren gewusst. Aber auch das muss herausgesagt werden, dass jene Züge mindestens zum Teil in Vergeltung eigener Behandlung und Erlebnisse aufgetreten und vor allem in späteren Jahren durch solche stark gesteigert worden sind. Es steht zu hoffen, dass diese Gegensätze sich mit der Zeit ausgleichen, dass auch Frankreich zu seinem grossen Sohne noch eine seiner würdigere Stellung einnehmen wird. Wie dem aber auch sei, wir können dies getrost der Zukunft überlassen. Hier kam es mir nur darauf an, zu zeigen, dass damals, wo sich noch kein Finger für Gobineau rührte, sein Vaterland als Heimat seines Nachlasses so wenig zu denken war, wie es ihm bei Lebzeiten eine geistige Heimat zu bieten vermocht hatte.

Ganz anders lagen, wie wir sahen, die Dinge in Deutschland. Hier schlugen ihm seit Jahren tausende von Herzen begeistert entgegen; hier konnte denn auch die Bergung seines Nachlasses nur den symbolischen Abschluss einer Entwickelung bedeuten, die ihn selbst mit dem Besten, was er gewesen und geschaffen, der Reihe unserer eigenen Grossen einverleibt hatte.

III.

NACHDEM so die Frage des Landes schnell gelöst, entstand die weitere: in welcher Stadt? Mancherlei Gedanken und Versuche tauchten auf, um alsbald als untunlich wieder fallen gelassen zu werden. Da machte mich im Juli 1902 Herr Dr. Trübner, der Inhaber der Firma Karl J. Trübner in Strassburg, dem überhaupt die Sache Gobineaus so vieles verdankt, darauf aufmerksam, dass Strassburg unter den verschiedensten Gesichtspunkten, ja vielleicht in erster Linie für unseren Plan in Betracht komme. Der durchschlagenden Kraft seiner Argumente konnte ich mich nicht entziehen, und immer erneutes Durchdenken seines Vorschlags bestärkte mich darin, dass in der Tat diese Lösung der mich seit Jahren beschäftigenden Frage die in jeder Beziehung allen anderen vorzuziehende sein würde. „Dem doppelten Gesichtspunkte", so konnte ich schon einige Monate darauf in meiner ersten Eingabe an Herrn Geheimrat Euting, den Direktor der Kaiserlichen Universitäts- und Landesbibliothek, ausführen, „dass Gobineau einerseits seiner Nationalität und seinem ausseren Lebenslaufe nach Franzose war, anderseits seinem inneren Wesen nach unzweifelhaft vor allem Deutschland zugehört und dort auch ganz unverhältnismässig viel mehr Boden gefasst hat, würde durch Deponierung seines Nachlasses im Elsass, das durch die Jahrhunderte seiner Geschichte hindurch als Bindeglied zwischen den Kulturen beider Länder gedient hat, am besten entsprochen werden. Und wie ich die feste Überzeugung hege, dass die durch das Geschick in meine Hände gelegten Schätze, wenn irgend wo, in einem Institute von so zentraler Bedeutung wie die Universitäts- und Landesbibliothek zur rechten Geltung kommen werden, so wage ich auch umgekehrt es zuversichtlich auszusprechen, dass die Erwerbung jener Schätze für eben dieses Institut ein neues und grosses Ruhmesblatt bedeuten würde."

Ich hatte die hohe Freude, diese meine Auffassung sehr bald von allen massgebenden Persönlichkeiten in Strassburg gewürdigt und geteilt und ein Jahr nach dem ersten Auftauchen unseres Projektes dasselbe unter Dach gebracht zu sehen. Wohl hat es an Schwierigkeiten beiderseits während dieser Zeit nicht gefehlt, die seitens der Bibliothek und Seiner Durchlaucht des Fürsten-Statthalters an die Beschaffung der Mittel sich knüpften, meinerseits aber auf Dinge intimerer Art zurückgingen, die ich hier wohl etwas näher beleuchten muss.

Die grösste war, sachlich wie persönlich, mit der Notwendigkeit gegeben, einen Kauf abzuschliessen. In ersterer Beziehung erhellt es ohne weiteres, wie schwer eine eigentliche Abschätzung war, wo Werte von so ungemeiner idealer Bedeutung vorlagen, und wie peinlich mir daher ein an die Formen des Geschäftslebens sich anlehnendes Vorgehen sein musste. In letzterer hatte ich mich von vornherein auf Missdeutungen gefasst zu halten, die mir wie der Gräfin de La Tour aus meinem Schritte erwachsen könnten, und die denn auch nicht ausgeblieben sind. Wie immer während meines ganzen Wirkens in dieser Sache habe ich zwar das grosse Gelingen des Ganzen über das eigene Wohl und Wehe gestellt. Ich glaube aber jetzt nachträglich nicht nur persönlich eine Berechtigung zu dem Wunsche zu besitzen, die Stimme meines eigenen Gewissens durch das Urteil der Öffentlichkeit, insoweit sie zum Urteilen berufen, verstärkt zu sehen, sondern ich halte mich geradezu für verpflichtet, jener Rechenschaft abzulegen, damit kein Zweifel bestehen könne, dass in jenem bedeutungsvollen Momente von mir — oder sage ich von uns, denn ich bin hier wie immer Hand in Hand mit der Gräfin de La Tour vorgegangen — so gehandelt worden ist, wie im Sinn und Geiste Gobineaus einzig gehandelt werden konnte und musste. Es bleibt mir dabei leider nicht erspart, meine persönlichen Verhältnisse stärker, als mir lieb ist, in die Darstellung dieser Dinge mit hineinzuziehen; es ist dies eben damit gegeben, dass ich meine Person mit der von mir vertretenen Sache so völlig verquickt habe, dass ich von der einen nicht reden kann, ohne zugleich von der andern zu reden.

Wäre es nach meinen Wünschen gegangen, so hätte ich am liebsten die mir anvertrauten Schätze schenkungsweise an eine Sammlung meiner Wahl übertragen; aber so lagen die Verhältnisse für mich nicht. Die Anforderungen meines Wirkens für Gobineau-Übersetzungen, Ausgaben und Neu-Ausgaben seiner Werke, Leitung und Fortführung meines Vereines, wissenschaftliche, literarische und briefliche Verarbeitung und Vertretung seiner Ideen, Vorbereitung einer Quellen-Biographie mit den dazu erforderlichen Reisen und Forschungen, endlich die Zusammenbringung resp. Verstärkung der hier in Rede stehenden Sammlung, — überstiegen seit Jahren bei weitem meine materiellen und physischen Kräfte. Auch was der Verein an Mitteln aufbrachte, reichte den grossen Zielen gegenüber nur eben, wie nicht anders möglich, für ein gewisses Aus der Hand in den Mund aus. So stand ich damals vor der Entscheidungsfrage, ob ich mein grosses Werk abbrechen, oder die hier sich bietende Gelegenheit benutzen wollte, von jenem „Aus der Hand in den Mund" zu einer gesicherteren Behandlung im grossen Style überzugehen, da ich der ununterbrochenen Folge mich aufreibender Opfer in keinem Falle mehr gewachsen war. Daran, mir die Unterstützung einer unserer Akademien zu erbitten, konnte ich nicht denken. Sie wirken aus begreiflichen Gründen gemeiniglich für solche Geister, deren Ruhm sehr fest steht, während ich hier den eines bis dahin gänzlich Unbekannten überhaupt erst zu befestigen hatte. Und doch wird man, wenn das Geschick es mir vergönnen sollte, meine Arbeit in dem mir vorschwebenden Umfange zu vollenden, es mir einst nicht als Überhebung deuten, wenn ich sage, dass sie, wiewohl von einem einsamen Privatgelehrten mit mässigen materiellen Mitteln und noch mässigeren gesundheitlichen Kräften geleistet, doch von der Art derjenigen gewesen sei, für welche sonst Akademien ihre Mittel flüssig zu machen pflegen. So versuchte ich zunächst ein Mittleres anzubahnen: eine Stiftung der Gobineau-Sammlung an die Strassburger Bibliothek und als Gegenleistung eine Subventionierung meines Vereins aus den Fonds des Fürsten-Statthalters; und erst als mir bedeutet wurde, dass hieran in keinem Falle zu denken sei, verstand ich mich dazu, den Akt des Besitzwechsels in die Form des Kaufes zu kleiden. So wurde denn unter Heranziehung von Sachkennern verschiedener Gebiete die Kaufsumme auf zwanzigtausend Mark festgesetzt und die Preiswürdigkeit dieser Summe durch einen hervorragenden deutschen Gelehrten in einem eingehenden Gutachten bestätigt.

Bei dem Rückblick auf die damaligen Vorgänge möge es auch nicht verschwiegen werden, dass hier, wie wohl mehr oder minder immer in ähnlichen Fällen, das Gelingen mehr als einmal auf des Messers Schneide gestanden hat. Mehr als alles andere aber hat da die feste Haltung und das zielbewusste Verständnis des Herrn Geheimrat Euting dieses dennoch herbeigeführt und damit auch mir selber erst die ganze Sicherheit, ja Freudigkeit für den endgültigen Abschluss eines grosses Aktes eingegeben. Es schien mir ein Gebot der Loyalität, das ich mit besonderer Genugtuung erfülle, jetzt, wo es wohl vor aller Augen klar zutage liegt, welch ein Verdienst es bedeutet, was damals noch lediglich eine Verantwortung war, die Tatsache auch der Öffentlichkeit gegenüber in ihr gebührendes Licht zu setzen und für alle Zukunft festzustellen, dass Herr Geheimrat Euting in kritischer Stunde das entscheidende Wort gesprochen hat, dass es ihm letzten Endes zu danken ist, wenn heute der Nachlass Gobineaus in Strassburg ruht.

Ich lasse nun zunächst die Hauptbestimmungen des durch Unterschrift der beiderseitigen Kontrahenten unterm 4.—5. August 1903 rechtskräftig gewordenen Vertrages hier folgen.

Zwischen der Kaiserlichen Universitäts- und Landesbibliothek zu Strassburg, vertreten durch ihren Direktor, einerseits und Herrn Professor Dr. Schemann zu Freiburg i. Br. anderseits, hat die nachstehende Vereinbarung stattgefunden.

§ 1.

Herr Professor Schemann verkauft den von Frau Gräfin de La Tour ihm übertragenen literarischen und künstlerischen Nachlass des 1882 verstorbenen Grafen Jos. Artur von Gobineau, bestehend in Handschriften, Briefsammlung und Kunstwerken, den noch vorhandenen Resten seiner Bibliothek, dem Mobiliar von Gobineaus Arbeitszimmer usw., wie derselbe in dem darüber aufgestellten Originalkatalog verzeichnet ist, an die obengenannte Bibliothek zu deren Eigentum.

§ 2.

Die Kaufsumme ist auf 20 000 M. — Zwanzigtausend Mark — festgesetzt worden, zahlbar in 5 gleichen Jahresraten, von welchen die erste alsbald nach der Übergabe des Nachlasses fällig wird und die folgenden je am 15. April der vier folgenden Jahre zur Auszahlung gelangen.

§ 3.

Die Käuferin tritt alsbald nach Abschluss des Kaufvertrags in den Besitz der gekauften Gegenstände und wird dieselben in einem besonderen Raume verwahren. Diejenigen Gegenstände jedoch, welche als testamentarisches Vermächtnis an Professor Schemann sich noch im Besitze der Gräfin de La Tour in Rom befinden und im Katalog dementsprechend bezeichnet sind, verbleiben spätestens bis zum Ableben der gegenwärtigen Besitzerin in deren Verwahrung.

§ 4.

Die Benutzung sämtlicher noch nicht veröffentlichten Handschriften des Gobineau-Nachlasses einschliesslich der handschriftlichen Varianten der veröffentlichten Sachen wird für Lebzeiten des Herrn Professor Schemann nur ihm, oder Andern nur mit seiner Zustimmung gestattet. Herr Schemann verpflichtet sich dagegen, alle zu veröffentlichenden bezüglichen Drucke der Käuferin in je einem Freiexemplar zuzuwenden . . . . *)

§ 8.

Spätestens mit dem Tode des Herrn Schemann fällt ferner der gegenwärtigen Vertrag schliessenden Bibliothek das bei ihm sich noch weiter ansammelnde Gobineau-Archiv — briefliche und gedruckte Kundgebungen aller Art von und über Gobineau — zu, wie Jener sich auch verpflichtet, alle ihm fernerhin etwa

*) Die Paragraphen 5. 6. 7. 9. 10 enthalten mehr oder minder unwesentliche Bestimmungen und Zusätze.

noch erreichbaren literarischen Arbeiten Gobineaus, Bücher, Kunstsachen, persönliche Andenken usw. geschenkweise der jetzt der Käuferin zufallenden Sammlung anzugliedern, insbesondere aber auch die Handschriften an einem zu vereinbarenden Zeitpunkte in ihrem Werte entsprechende Einbände kleiden zu lassen.

Strassburg im Elsass, 4. August 1903
Freiburg im Breisgau, 5. August 1903

Kaiserliche Universitäts- und Landesbibliothek Strassburg.

Professor L. Schemann.

Die vertragsmässigen Raten sind dann successive von mir der Gobineau-Vereinigung zur Förderung ihrer Zwecke überwiesen worden. Eine der schönsten Wirkungen dieser Steigerung ihrer Mittel war, dass jetzt eine Schenkung von 750 Exemplaren der Renaissance und des Alexander an die Bibliotheken sämtlicher deutschen, deutsch-österreichischen, deutsch-schweizerischen und deutsch-russischen Gymnasien vorgenommen werden konnte. Ferner wurde es jetzt möglich, einen grösseren Fonds anzusammeln, der seiner Zeit den Haupt- und Endzielen unseres Unternehmens, den grossen biographischen Publikationen und hoffentlich auch einem Denkmal Gobineaus bedeutsam zu statten kommen wird.

Von dem lebhaften Verlangen geleitet, als Vertreter meines Vereines zu der Anstalt, der ich den Nachlass übergeben, in ein Verhältnis zu gelangen, das an die Stelle von Vorteil und Gefahr, wie sie bei jedem Kaufe für beide Teile obzuwalten pflegen, vielmehr eine möglichst weitgehende Solidarität der beiderseitigen Interessen treten liesse, habe ich später, im Einvernehmen mit der Gräfin de La Tour, noch die Verfügung getroffen, dass die noch bis zum Jahre 1932 gesetzlich gewährleisteten Einkünfte aus Gobineaus Schriften, die naturgemäss mit dessen steigender Verbreitung immerhin entsprechend zunehmen müssen, spätestens mit Auflösung des Vereins der Kaiserlichen Universitäts- und Landesbibliothek bezw. der Universität Strassburg zufallen, mit der im beiderseitigen Interesse gebotenen Massgabe, dass die eingehenden Summen in erster Linie zu etwaiger Erweiterung der Gobineau-Sammlung verwandt werden sollen. Für den Fall dass, was kaum zu erwarten, die Vereinigung bis zum genannten Zeitpunkte fortbestehen sollte, wird ihr durch einen Paragraphen ihrer Bestimmungen gleichfalls die Verpflichtung auferlegt, einen Teil ihrer Mittel dem genannten Zwecke zu widmen.

Es erübrigt noch die Mitteilung, dass der für unsere Sammlung bestimmte besondere Raum sich nahe dem grossen Handschriftensaal an der Südwest-Ecke des ersten Stockwerkes der Bibliothek befindet, mit schönem Ausblick auf Münster und Kaiserpalast.

Alles in allem ist so den Hoffnungen, die wir auf Strassburg gesetzt, die denkbar schönste Erfüllung geworden. Schon Ende Sommers 1903 konnte ich in dem damals an meinen Verein erstatteten Bericht dieses Ergebnis in die Worte zusammenfassen:

„So wird denn also der Nachlass des Mannes, der zwar seinen persönlichen Schicksalen nach Frankreich, seinen geistigen Wirkungen nach aber vorwiegend Deutschland angehört, einer der ersten Sammlungen des Reiches eingegliedert, auf dem Boden eben jenes selben Elsass ruhen, das so oft schon zwischen französischem und deutschem Geistesleben vermittelt und, wie sich eben hier einmal wieder an einem grossen Beispiele zeigt, diese Rolle noch lange nicht ausgespielt hat.

Der Direktor der Kaiserlichen Universitäts- und Landesbibliothek, Herr Professor Euting, wie auch das Kaiserliche Ministerium zu Strassburg, haben vom ersten Augenblick an das Wohlwollen echten Verständnisses in die Behandlung dieser Frage hineingetragen, und ebenso hat der Herr Fürst-Statthalter der Reichslande, Seine Durchlaucht Fürst Hermann zu Hohenlohe-Langenburg, durch Bewilligung ausserordentlicher Mittel ein wahrhaft hochherziges Entgegenkommen gezeigt, das die Angelegenheit zu so erfreulichem Abschlusse bringen sollte. Allen Genannten sei hierfür auch an dieser Stelle nochmals namens des Vereins wie der Gesamtheit aller Verehrer Gobineaus warmer, ehrerbietiger Dank dargebracht.“

Dem wäre heute nur noch hinzuzufügen, dass die Freude und der Dank, die hier zum Ausdruck gebracht sind, seitdem in noch ganz anders weiten Kreisen geteilt und wohl in alle Zukunft lebendig bleiben werden.

IV.

WIR gedachten früher des völligen Zusammenbruches, den Gobineau in seiner menschlichen Existenz in seinen letzten Jahren erlitten hatte. Die unstäten Verhältnisse, der mehrfache Domizilwechsel dieser Zeiten, die damit notwendig verbundene Unordnung haben leidige Folgen, vor allem für die Korrespondenz gehabt. So sind zumal die Briefe an Gobineau nur sehr sporadisch erhalten. Nehmen wir hinzu, dass seine drei wertvollen Hauptsammlungen, seine Bibliothek, seine Gemmen, seine orientalischen Manuskripte meist schon bei seinen Lebzeiten verkauft worden sind, sowie dass auch seine Kunstwerke und sonstigen Wertstücke allen diesen vereinigten Einflüssen zum grössten Teile zum Opfer gefallen sind, so müssen wir um so dankbarer es begrüssen, dass es am Ende doch noch geglückt ist, von allen Gattungen, Manuskripten, Briefen, Büchern und Andenken vieles Kostbare, ja einzelnes Kostbarste zusammenzuhalten und zu unserer Sammlung zu vereinigen. Der Bestand dieser letzteren ist denn so zwar klein, aber gewählt und durch Glück, Pietät und Sinnen und Sorgen der Getreuen Gobineaus so zusammengesetzt, dass sie immerhin ausreicht, um der Nachwelt ein volles und schönes Bild seines menschlichen und geistigen Wesens zu erhalten und sichtbar zu verkörpern.

Es enthält zunächst die von Frau Gräfin de La Tour gelieferte Hauptsammlung:

1. Das Mobiliar seines Arbeitszimmers mit zum Teil persischer Ausstattung und einigen desgleichen Kunstwerken und Andenken (u. a. ein grosser persischer Teppich, ein Gebetsteppich, ein Taburet, ein Nargileh pp.), auch Gobineaus Bildhauerwerkzeug.

2. Den Stolz der Sammlung, das lebensgrosse Porträt des Grafen von der Hand der Gräfin de La Tour.

3. Sechs Originalmarmorwerke Gobineaus:
Pia dei Tolomei (Statuette) } nach Dante
Beatrice (Büste) }
Walküre (Büste)
Queen Mab (desgl.)
Sonata appassionata (desgl.)
Porträt-Büste

ferner eine Anzahl Gypsentwürfe Gobineaus, darunter die wichtigsten: eine Büste des Amadis und eine Statuette Lord Byrons.*)

---

*) Gobineaus Beschäftigung mit der Bildhauerkunst in der letzten Periode seines Lebens darf durchaus nicht etwa als eine Liebhaberei oder auch nur als eine Nebentätigkeit betrachtet werden, wie etwa die analoge Goethes mit der Malerei. Vielmehr bedeutete ihm die Skulptur nach seiner eigenen innersten Überzeugung mehr und mehr die Hauptform, mittels welcher der in ihm lebende künstlerische Drang nach Betätigung rang. Keiner anderen Arbeit hat er mit gleichem

Büste des Amadis.

Gipsentwurf in der Kaiserl. Universitäts- und Landesbibliothek zu Straßburg.

4. Manuskripte.

Glücklicherweise befinden sich unter ihnen die Originalhandschriften dreier Gobineauscher Dichtungen ersten Ranges, der Renaissance, des Amadis (2 Fassungen) und der Pléjades. Ferner Ottar Jarl in zwei vollständigen Fassungen mit einer Sammlung Dokumente zur Familiengeschichte. An Unveröffentlichtem: Dichtungen verschiedener Lebensalter und verschiedenen Wertes**) (darunter als an-

Eifer und Enthusiasmus obgelegen, ja man darf vielleicht vermuten, dass die Überanstrengungen, denen er sich bei seiner strömend reichen Produktivität als Bildhauer ausgesetzt hat, mit zur Verkürzung seines Lebens beigetragen haben. Übrigens aber hat er auch auf diesem Gebiete nicht vergebens gerungen. Eine Reihe von Künstlern und Kunstkennern, mit denen ich im Laufe der Jahre über die Gobineauschen Skulpturen mich besprochen habe, waren einig in der Bewunderung ihres reichen und tiefen seelischen Gehaltes und erkannten in vielen derselben vollbürtige Offenbarungen des Gobineauschen Genius. Es sei mir vergönnt, als eine Stimme von vielen hier die Professor Thodes zu zitieren, der in dem vorerwähnten Gutachten über unsere Sammlung die Marmorwerke Gobineaus als „einen ungemein beredten, fesselnden Ausdruck seines Wesens, als einen poetischen Abglanz seines hochstrebenden Idealismus“ bezeichnet.

**) Es scheint mir angezeigt, gleich an dieser Stelle zu bemerken, dass ich von zweien in Gobineaus Korrespondenz erwähnten dichterischen Werken im Nachlass nichts gefunden habe: nämlich von den „voiles noirs“ — einem „düsteren Seitenstück zu den Plejaden“ — und von dem „spanischen Seitenstücke zur Renaissance“. Betreffs des letzteren liegt die Möglichkeit vor, dass Gobineau es überhaupt noch gar nicht angefangen habe, ja eine mir mündlich von einem seiner Freunde berichtete Äusserung scheint mir diese sogar zu bestätigen. Für die „voiles noirs“ aber liegt die Sache ganz anders. Allein die Briefe an Fürst Eulenburg beweisen, dass scheinend früheste Jugenddichtung eine poetische Erzählung aus dem Orient, Dilfiza, in wunderbar zierlicher Handschrift und mit schönen gemalten Initialen); ethnographische und historisch-politische Schriften von bedeutendem Wert, nur zum Teil vollendet:

„l'Ethnographie de la France",
„la troisième République française et ce qu'elle vaut",
„ce qui est arrivé à la France en 1870",
„Introductions" zur Renaissance,
„l'Europe et la Russie",

verschiedene kleinere historische Fragmente, endlich Bruchstücke einer Übersetzung des Kusch Nameh.

5. Die Korrespondenz.

Von grösseren Gruppen ist die wertvollste der Briefwechsel mit dem Grafen Prokesch-Osten, der dank der hochherzigen Schenkung des Sohnes des letzteren, des Herrn Grafen Anton von Prokesch-Osten zu Gmunden, sich jetzt vollständig in unserer Sammlung befindet.

Die Briefe Gobineaus an die Gräfin de La Tour.

Briefgruppen von Tocqueville und Mérimée und eine grössere Anzahl kleinerer Gruppen und Einzelbriefe von anderen bedeutenden Zeitgenossen.

Gobineau lange und intensiv an diesem Werke gearbeitet hat. Da sich trotzdem im Nachlass nichts als eine leere graue Mappe mit der Aufschrift von seiner Hand „voiles noirs" gefunden hat, und auch die Gräfin de La Tour über den Verbleib nicht das mindeste wusste, so gewinnt leider die Vermutung fast Wahrscheinlichkeit, dass das Werk vollendet gewesen sei, vielleicht bereits die Reise zum Verleger angetreten habe und bei dieser oder sonst bei einer andern Gelegenheit verloren gegangen sei. In jedem Falle besteht nur sehr geringe Hoffnung auf Wiederauffindung.

6. Biographische Dokumente verschiedener Art.

7. Desgleichen verschiedene Andenken, darunter ein Bildnis von Gobineaus Vater, eine Zeichnung des Familiengutes bei Bordeaux, ein Aquarell (Dedication) von Prosper Mérimée etc.

8. Unsystematische Reste seiner Bibliothek, darunter einzelne Wertstücke, wie die gesammelten Schriften und Dichtungen Richard Wagners mit poetischer Widmung von dessen Hand:

„Das wäre ein Bund: Was da noch gesund,
Normann und Sachse, Dass das blühe und wachse."

Ein stylvoll gebundenes Exemplar der ersten Gesamtausgabe des Faust, gleichfalls mit Widmungsversen Wagners, ein neues Testament, Gobineaus deutscher Homer usw.

Nächst Frau Gräfin de La Tour ist an dieser Stelle vor allem Frau Baronin von Guldencrone zu danken, die unserer Sammlung einige besonders wertvolle Stücke durch Schenkung zugeführt hat, das Originalmanuskript des „Alexandre", die Briefe ihres Vaters an sie selbst und ihre Mutter, drei kleine Aquarellbilder des Jugendfreundes ihres Vaters, des Königl. Württemberg. Hofmalers G. v. Bohn (Schloss Trye, Gobineau in persischem Kostüme). Vor allem aber ist der Besitz des neben dem Originalmanuskript der Renaissance vielleicht kostbarsten Schatzes auf ihre nicht genug zu dankende erfolgreiche Befürwortung zurückzuführen: der nahezu 600 Briefe an Vater und Schwester aus fast 50 Lebensjahren, 1835 bis 1882, in welchen in autobiographischer Form ein Lebensbild von wunderbarer Grösse und Schönheit sich entwickelt, das die liebende Hand und das Herzensverständnis der Schwester durch eine einleitende biographische Skizze nach rückwärts bis zur Geburt Gobineaus ergänzt hat. Diese Sammlung ist laut Schreiben vom 29. Mai 1902 von der Äbtissin des Benediktinerinnenklosters Ste. Cécile zu Solesmes, in welchem einst Caroline de Gobineau, Arthurs einzige Schwester, ihre letzten Lebensjahre verbracht und ihre Tage beschlossen hat, dem Verfasser dieser Mitteilungen überlassen worden.

Der Schenkung des Herrn Grafen von Prokesch-Osten (der 208 Briefe Gobineaus an seinen Vater) wurde bereits zuvor gedacht. Ich selbst habe eine Anzahl von Andenken allerintimster Art, welche vor Jahren in meine Hand gelegt worden, wie die schlichte silberne Uhr, die Gobineau bis zu seinem Ende trug, seine Petschafte (privates und amtliches Siegel aus Teheran mit persischer Inschrift, ein Siegel mit seiner Devise: malgré tout), einige Taschenbücher mit Notizen und Entwürfen aller Art, darunter dasjenige, in welches sich von der Hand der Gräfin de La Tour seine letzte Route, die seine Todesroute werden sollte, eingezeichnet findet, der neugewonnenen Zentralstätte ausgeliefert. Ihnen sollen sich später die biographischen Dokumente und Materialien, die ich im Laufe der Jahre gesammelt habe und noch sammle, angliedern, und endlich fällt das kleine Archiv, das zunächst noch in meiner Obhut verbleibt, die Sammlung aller Ausgaben der Gobineauschen Werke, der literarischen und brieflichen Kundgebungen über ihn, die Aktenstücke der Gobineau-Vereinigung seit ihrer Begründung etc. natur- und vertragsgemäss später ebenfalls der Hauptsammlung zu. Wenn die Mittel es erlaubten, wäre auch eine ausgewählte Bibliothek über das Rassenthema — das Gebiet, auf dem er so bahnbrechend eingegriffen, — in Aussicht zu nehmen. Doch käme all dergleichen erst für dann in Betracht, wenn einst das Gobineau-Zimmer, das jetzt zwar für die Besichtigung, noch nicht aber für die allgemeine öffentliche Benutzung eröffnet wird, auch der letzteren zugänglich gemacht werden kann. Diese ist bis auf weiteres ausgeschlossen, da die unveröffentlichten Manuskripte, Korrespondenzen etc. der Bearbeitung durch den früheren Besitzer vorbehalten werden mussten. Desgleichen ist eine photographische Einzelaufnahme und Reproduktion der Kunstwerke nicht gestattet, die im Rahmen einer späteren wissenschaftlichen Gesamtpublikation der Gobineauschen Skulpturen mit Genehmigung der Kaiserlichen Universitäts- und Landesbibliothek die Gobineau-Vereinigung zu bewerkstelligen gedenkt.

Mit diesem in etwa noch provisorischen Charakter des Ganzen hängt es auch zusammen, wenn von einem genaueren Einzelkatalog abgesehen wird, der ein definitiver vermutlich doch noch nicht werden könnte, indem die Absicht und hoffentlich auch die Aussicht besteht, unsere Sammlung gelegentlich noch nach verschiedenen Seiten zu vermehren. Jedenfalls ist durch das vorerwähnte Abkommen betreffs der Einkünfte der Gobineauschen Schriften Fürsorge getroffen, dass Mittel für die Kompletierung auch über das etwaige Erlöschen der Gobineau-Vereinigung hinaus vorhanden sind. Zunächst aber wird diese letztere, wie zur Pflege seines Andenkens überhaupt, so insbesondere auch zur Verwertung seiner Nachlassschätze berufen sein.

Wie ich zum Mittel der Vereinsbildung vor Jahren mit dem Instinkte der Not griff, um statt des Abstraktum Publikum das Konkretum Gemeinde vor mir zu haben, an die ich mich mit Gobineau wenden könnte; wie der letzteren schon bei der Aneignung und Ausbreitung seiner wissenschaftlichen und künstlerischen Werke der Hauptanteil zufiel und sie somit schon in dieser Phase unserer Bewegung gar nicht mehr wegzudenken wäre, so wird ihre Aufgabe und ihre Bedeutung unwillkürlich noch wachsen, wenn in der jetzt beginnenden zweiten Phase — ich betrachte die erste als mit der definitiven Begründung der Strassburger Sammlung abgeschlossen — s. z. s. noch ein persönliches Moment hinzutritt, wie es bei der Mitteilung alles dessen, was Gobineau, zunächst den ihm Nahestehenden, hinterlassen hat, seiner Posthuma, seiner Korrespondenz, seines Lebens, unwillkürlich zur Geltung kommen muss. Zwei eng zusammenhängende Aufgaben aber werden diese gewissermassen persönliche Stellung des Vereins zu seinem Eponymos zu besonders schönem Ausdruck zu bringen haben: die Errichtung eines Denkmals und, wie erwähnt, die geistige Nutzung und womöglich Mehrung des in Strassburg aufgesammelten Nachlasses. So erscheint unsere Vereinigung an erster Stelle berufen, durch Akte der Pietät und Ehrung Gobineau noch über den Tod hinaus das zu ersetzen und zu verkörpern, was ihm im Leben gefehlt hat: ein geistiges Vaterland.

ICH habe mehrmals in meiner Darstellung angedeutet, dass Gobineau für Frankreich nicht das werde bedeuten können wie für Deutschland, aber auch keinen Zweifel darüber gelassen, dass er mit der Zeit doch auch in seinem Vaterlande eine ganz andere Stellung einnehmen werde als bisher. Wohl mag mancher einzelne Franzose von heute an gewissen seiner politischen und historischen Ansichten Anstoss nehmen, wohl mögen gewisse Patrioten ihm grollen, wohl mögen die mancherlei Verstösse, die er sich gegen die in Frankreich bestehenden Gesetze der Form erlaubt hat, ihn mit den Kritikern und Kunstrichtern fort und fort in Konflikt bringen: völlig ausgeschlossen aber erscheint es, dass ein ganzes Volk von der Kulturhöhe der Franzosen auf die Dauer nicht zum mindesten in einer starken Minorität einen Denker und Künstler von dem Reichtum und Universalismus Gobineaus nach seiner hohen allgemeinen Bedeutung erkennen und anerkennen sollte. Wie die Grossdenkenden unter seinen Landsleuten schon jetzt ihn über seinen dauernden geistigen Grosstaten seine persönlichen Verstimmungen und Misshelligkeiten nicht entgelten lassen, so wird man auch in weiteren Kreisen in dem

Ruhmesglanze, den er auf sein Vaterland zurückgestrahlt hat und der zweifellos noch stetig zunehmen wird, eine Sühne für so manches Unfranzösische an ihm finden. Und zwar ist dies nicht nur im Sinne eines mehr oder minder widerwillig hingenommenen Autoritätsglaubens zu verstehen. Vielmehr steht zu hoffen, dass die jahrelang durch Vorträge, Aufsätze, Rezitationen in die Wege geleitete Propaganda, die Gobineaus Namen in Deutschland immer mehr und mehr mit wirklichem nacherlebtem Inhalt erfüllt hat, schliesslich in ihren Reflexen und Echos, wenn auch mit Anpassung an die französischen Verhältnisse, auch über den Rhein hinüberdringen werde. Vergessen wir ohnehin nicht, einmal, dass in Frankreich doch immer noch mehr germanischer Boden ist, als so Mancher glaubt, und sodann, dass umgekehrt auch bei Gobineau seiner germanischen Grundanlage ungemein viel echt Französisches sich beigesellt findet.

Jedenfalls habe ich selbst es mir in diesem Sinne vom ersten Augenblicke angelegen sein lassen, ihn nicht nur meinem Vaterlande, sondern zugleich dem seinigen darzubringen,*) ja gerade in der Beschäftigung mit ihm hat sich mir mit der Zeit trotz der ihm gegenüber zu Tage tretenden nationalen Gegensätze die Überzeugung von einer höheren geistigen Solidarität der beiden Völker befestigt, der ich hier schliesslich noch mit einigen Worten Ausdruck geben möchte.

---

*) Es sei mir vergönnt, zum Belege hierfür auf eine Stelle zu verweisen, die ich vor Jahren in meiner Vorrede zu den „Religions et philosophies dans l'Asie centrale“ Paris 1900 niederschrieb (p. VIII).

Ich gehe dabei aus von der Beobachtung, dass der wahre Wert französischen Geisteslebens bei uns vielfach zu wenig gewürdigt, dass über dieses infolge einer Verwechslung mit bekannten Oberflächen- und Tageserscheinungen gänzlich irrige Vorstellungen weithin verbreitet sind. Schon der Umstand, dass Gobineau selbst diesem Frankreich des 19. Jahrhunderts entsprossen ist und am Ende doch durchaus nicht als ein einsam ragender Gipfel darin dagestanden hat, sondern sich nach den verschiedenen Seiten seines Wesens, wenn auch vielfach in Gegensätzen und Reibungen, einer allgemeineren Geistesentwickelung eingliedert, sollte uns darauf hinführen, dass neben den genannten Gegensätzen auch tiefgreifende Parallelismen und Verwandtschaften, gemeinsame Nöte und Bedürfnisse von höchster Bedeutung für sein Geburts- und sein Adoptivvaterland festzustellen sein müssen. Und in der Tat ist soviel jedenfalls gewiss: ernstlich zu rechnen ist für alles, was Gobineau gewollt hat und vertritt, nur auf diese beiden Kulturkreise, Deutschland und Frankreich, und ihre Annexgebiete Österreich - Schweiz - Holland - Skandinavien einerseits, Belgien, die romanischen Teile der Schweiz und Norditalien anderseits. Was von den alten Beständen höherer Kultur in der heutigen Menschheit lebt, wurzelt in erster Linie in Deutschland und Frankreich. Ich weiss mich in dieser Auffassung mit den ersten und besten Geistern beider Länder einig. Gobineau aber schien mir ein besonders glücklicher Verkörperer des Gedankens der Annäherung dieser beiden Hauptkulturträger. Niemand wird sich mehr der Einsicht verschliessen wollen, die sozusagen mit jedem Tage greifbarere Formen annimmt, dass tiefe Verschiedenheiten, ja Gegensätze obwalten zwischen der alten fränkisch-normannisch-deutschen und der neuangelsächsischen, man könnte vielleicht auch sagen zwischen der altgermanischen und der neugermanischen, der humanistisch-idealen und der praktisch-technischen Kultur. Hier und dort völlig andre Ziele, Werte, Ideale.*)

Die erstere mag im Sinken begriffen, sie mag dem Untergange geweiht sein — Gobineau selbst hat sich zweifellos als den Vertreter einer sinkenden Ära angesehen, — das verpflichtet uns nur um so mehr, ihren vielleicht letzten grossen Propheten festzuhalten. Der entfesselte Strom der Moderne geht unter Führung der radikalsten (amerikanischen) Gruppe der neugermanischen Menschheit über alles Alte immer wilder dahin, und die hohen Ideale, die unseren Voreltern geleuchtet, drohen in ihren Fluten zu versinken. Die junge Generation sieht dem ruhig zu, ja sie meint wohl gar, es müsse so sein; die Alten aber suchen vom Alten zu retten, was irgend sich retten lässt.

Dieser heisse Wunsch war es denn auch, der mich den Gedanken fassen und verwirklichen liess, dem Schöpfer des Amadis und der Renaissance bei uns ein Heim zu bereiten, ihm, dessen Wirken noch

*) Man wird mir einwenden, dass in den beiden obengenannten Ländern schon heute nur noch Minoritäten, in Deutschland eine grössere, in Frankreich eine kleinere, alle jene Ideen und Werte vertreten, dass auch in ihnen der neuangelsächsische Geist schon reichlich Boden gewonnen habe. Ich bestreite das nicht, kann aber hier den Perspektiven, die sich aus der Tatsache ergeben, nicht näher nachgehen.

den alten Geist eines erhabenen Idealismus in sich trug, den gleichen Geist, der Jahrhunderte lang aus so vielen Grossen der germanischen Welt gesprochen hat. Ich glaube damit, dass ich dem Fremden soviel an Liebe und Bewunderung, Mühen und Sorgen zuwandte, als ich nur je einem grossen Landsmanne gekonnt hätte, als Deutscher nicht aus der Rolle gefallen zu sein, vielmehr einem alten historischen Gesetze zu entsprechen: haben wir uns doch von je des schönen Vorrechtes erfreuen dürfen, zugleich universal und national zu empfinden und zu denken, zu schaffen und zu wirken. Wir wurzeln in deutscher Erde, aber wir erstrecken unsere Zweige in die ganze Welt hinaus. Wir durchdrangen uns mit fremdem Geiste, soweit er uns verwandt und assimilierbar war, und gaben dann dafür den Anderen das zurück, was so unser Eigen geworden. Auch Gobineau insonderheit haben wir Niemanden rauben, noch ihn für uns allein besitzen, sondern vielmehr für Alle retten und möglichst Vielen mitgeben wollen.

Die Front der Strassburger Bibliothek zeigt zur Rechten ihres Hauptportales vier grosse deutsche, zur Linken vier grosse ausländische Dichter und Denker (Dante, Calderon, Molière und Shakespeare). Das ist ein schönes Symbol für das, was ich soeben ausgesprochen, und die beste Rechtfertigung dafür, dass ich auch Gobineau dort inmitten jener Geister geborgen sehen wollte.

Unter ihnen und mit ihnen möge er denn als einer der ewig Lebendigen, welche die Völker in ihren Besten veredelnd vereinen, durch die Jahrhunderte fortwirken.

Hofdruckerei Ph. v. Zabern, Mainz.

Gobineau-Vereinigung

Begründet im Februar 1894.

1905/06: 300 Mitglieder

Bestimmungen

(Herbst 1906)

1. Die Gobineau-Vereinigung setzt sich zum Ziele, den wissenschaftlichen und künstlerischen Werken des Grafen Gobineau die denkbar weiteste Verbreitung zu erwirken.

Nachdem in den bisherigen 12½ Jahren Gobineau durch Veranstaltung deutscher Ausgaben einiger seiner Hauptwerke (insbesondere seiner „Renaissance“ und seines Rassenwerkes) in Deutschland eingebürgert, durch französische Neuausgaben vergriffener Werke (insbesondere derjenigen über Zentralasien) auch seinem Vaterlande wieder nähergerückt, nachdem ferner durch Begründung und Unterbringung der Gobineau-Sammlung (der Reste seines litterarischen und künstlerischen Nachlasses) auf der Kaiserlichen Universitäts- und Landesbibliothek zu Strassburg ihm dort ein Dauerheim gewonnen worden ist, sind jetzt, zunächst für das kommende Jahrzehnt — bis zum Säkulartage Gobineaus, am

14. Juli 1916 —, weiter in Aussicht genommen: in erster Linie die Herausgabe der unveröffentlichten Nachlassschriften; sodann eine das Rassenwerk historisch ergänzende wissenschaftliche Behandlung der Rassenfragen; eine Biographie Gobineaus nebst den Hauptbriefsammlungen; endlich ein würdiges Grabdenkmal in Turin. Daneben (bezw. danach) bleiben fernere Neuausgaben, vielleicht auch Übersetzungen, vor allem des Amadis, eine Sammlung von Gobineaus Jugendarbeiten, eine Ausgabe seiner Bildwerke und anderes, als Ziele je nachdem einer etwaigen dritten Epoche, anzustreben.

2. Der Charakter der Vereinigung ist ein durchaus privater. An der Spitze steht ein Vorstand, der nicht unter drei und nicht über sieben Personen zählen soll und im Bedürfnisfalle sich durch Kooptation ergänzen kann.

3. Der jährliche Mindestbeitrag der Mitglieder beträgt zehn Mark. Er wird, falls er nicht im ersten Quartal eines Kalenderjahres eingezahlt worden ist, im zweiten durch Nachnahme erhoben. Wer einen einmaligen Beitrag von mindestens 200 Mark zahlt, wird dauernd als Mitglied der Vereinigung geführt. Grössere Spenden sind ausserdem jederzeit willkommen und im Interesse der Ziele der Vereinigung erwünscht.

Die Mitglieder erhalten gleich nach Eintritt einen Teil der bisher erschienenen Veröffentlichungen (die durch den Verein herausgegebenen Hauptwerke Gobineaus) ohne jede Zuzahlung geliefert, als Regel deutsche die deutschen, französische die französischen, auf Wunsch indessen auch anders.

Bibliotheken, Vereine und Anstalten werden grundsätzlich bevorzugt. Sie erhalten gleich beim Eintritt auf Wunsch alle bisher erschienenen, deutsche wie französische, Vereinsschriften nachgeliefert.

Von den ferner zu veröffentlichenden Werken erhalten alle Mitglieder je ein oder nach Umständen mehrere Exemplare — Vereine, wenn irgend tunlich, in grösserer Anzahl — gratis.

4. Personen, welche einen Jahresbeitrag zu zahlen nicht gewillt oder nicht in der Lage sind, aber ihr Interesse für die Vereinszwecke durch irgendwelches tätige Eintreten für diese, je nachdem auch durch einen einmaligen Beitrag von mindestens zehn Mark kundgegeben haben, werden in einer besonderen Rubrik als ausserordentliche Mitglieder („Gönner und Förderer") geführt und erhalten ebenfalls tunlichst von allen Vereinsveröffentlichungen ein Exemplar.

Auch Ehrenmitglieder können dieser Rubrik einverleibt werden.

5. Mindestens alle zwei Jahre erfolgt ein zirkularischer Bericht an den Verein, in welchem ein Überblick über dessen Leistungen sowie über die Fortschritte der an Gobineau sich knüpfenden Bewegung und über deren Spiegelung in der Buch- wie in der periodischen Litteratur gegeben wird. Mitgliederliste und Kassenbericht liegen diesem Berichte bei. Die einzelnen Posten der Abrechnung werden durch zwei Vorstandsmitglieder nachgeprüft.

6. Im Falle der Auflösung der Vereinigung soll das Vereinsvermögen bis auf weiteres dem Denkmalfonds überwiesen werden. Erfolgt die Auflösung nach Zu-

standekommen des Denkmals, so fällt jenes der Kaiserlichen Universitäts- und Landesbibliothek zu Strassburg i. E. zwecks Erhaltung und Fortführung von deren Gobineau-Sammlung zu. Die gleiche Bestimmung gilt für die Einkünfte aus Gobineaus Schriften, welche der Vereinigung seit 1898 zustehen.

Nähere Auskunft jederzeit durch den Vereinsvorsitzenden

Prof. L. SCHEMANN
Freiburg (Baden)
Maximilianstrasse 22

Aus dem Verlag von

Karl J. Trübner in Strassburg

mdccccvii

Durch die meisten Buchhandlungen des In- und Auslandes zu beziehen.

Reallexikon der Indogermanischen Altertumskunde.

Grundzüge einer

Kultur- und Völkergeschichte Alteuropas.

Von

OTTO SCHRADER,

o. Professor an der Universität Jena.

Lex. 8°. XL, 1048 S. 1901.

Broschiert M. 27.—, in Halbfranz geb. M. 30.—.

„Ein Gelehrter, dessen Name mit der Entwicklung der indogermanischen Altertumskunde schon aufs Engste verknüpft ist, tritt uns hier mit einem neuen bedeutenden Werke entgegen, das sich sowohl durch seine innere Gediegenheit als auch durch seine glückliche Form zahlreiche Freunde verschaffen, ja einem weiten Kreise bald zu einem unentbehrlichen Hilfsbuch werden wird . . .

Schr's Ziel ist, die ältesten inneren und äusseren Zustände der indogermanischen Völker uns vor Augen zu führen und von da zurückschliessend auch die ihres Stammvolkes. Es geschieht dies an der Hand der geschichtlichen Nachrichten, der ausgegrabenen Altertümer und nicht zum geringsten Teil der Sprache . . .

Vor Allem wird die übersichtliche Darstellung des bisher Erreichten, die ein Weiterarbeiten sehr erleichtert, dem ganzen Bereich der indogermanischen Altertumskunde zu Statten kommen. Dank und Anerkennung für das schöne Buch gebühren dem Verf. vollauf . . .“

(R. Much in der Deutschen Litteraturzeitung 1902 Nr. 34.)

Die Indogermanen.

Ihre Verbreitung, ihre Urheimat und ihre Kultur.

Von

Herman Hirt,

Professor an der Universität Leipzig.

Erster Band: Gr. 8⁰. X, 407 Seiten. Mit 47 Abbildungen im Text. 1905. Geheftet ℳ 9.—, gebunden ℳ 10.50.

Zweiter Band. Gr. 8⁰. V, S. 409—771. Mit 4 Karten und 9 Abbildungen im Text. 1906. Geheftet ℳ 9.—, gebunden ℳ 10.50.

(Soeben erschienen).

Inhalt:

Erster Band.

I. Buch. Die Verbreitung und Urheimat der Indogermanen.

I. Teil. Die Nachbarn der Indogermanen.

1. Einleitung und Vorbemerkungen. — 2. Die Rassenfrage. — 3. Der iberische Sprachzweig. — 4. Die Urbevölkerung Britanniens. — 5. Die Ligurer. — 6. Die Etrusker. — 7. Die Urbevölkerung und die Sprachen Griechenlands und Kleinasiens: A. Der vorhellenische Sprachstamm; B. Das Lykische; C. Die übrigen Stämme. Karisch, Lydisch, Mysisch. — 8. Die Finnen.

II. Teil. Die indogermanischen Sprachen, ihre Verbreitung und ihre Urheimat.

9. Die Wanderungen und die Verbreitung der Indogermanen im allgemeinen. — 10. Die indogermanische Sprache und ihre Stellung. — 11. Die Verwandtschaftsverhältnisse der indogermanischen Sprachen. — 12. Die Indoiranier: A. Die Inder; B. Die Iranier. — 13. Die Balten und Slaven: A. Die Slaven; B. Die Balten. — 14. Die Thrako-phrygische Gruppe: A. Die Thraker; B. Die Phryger und die Indogermanen in Kleinasien. — 15. Die Armenier. — 16. Die Albanesen. — 17. Die Hellenen. — 18. Die Makedonen. — 19. Die Illyrier: A. Die Veneter; B. Die Messapier; C. Die eigentlichen Illyrier. — 20. Die Italiker. — 21. Die Kelten. — 22. Die Germanen. — 23. Die Urheimat der Indogermanen.

II. Buch. Die Kultur der Indogermanen.

I. Teil. Allgemeine Vorbemerkungen. Die Wirtschaftsform. Materielle Kultur.

1. Allgemeine Vorbemerkungen. — 2. Die prähistorischen Funde. — 3. Die Sprachwissenschaft und ihre Methoden. — 4. Die wirtschaftlichen Zustände des prähistorischen Europas und der Indogermanen. — 5. Kulturpflanzen und Haustiere. — 6. Die Speisen und ihre Zubereitung. Mahlzeiten. — 7. Die Pflanzenwelt in ihrer sonstigen Bedeutung. — 8. Handel und Gewerbe. — 9. Die Technik. — 10. Waffen und Werkzeuge. Die Metalle. — 11. Kleidung. — 12. Wohnung und Siedelung. Hausrat. — 13. Verkehrsmittel.

Zweiter Band.

II. Buch: II. Teil. Gesellschaft.

14. Die Familienformen. — 15. Das Leben in der Familie.

III. Teil. Geistige Kultur.

16. Körperpflege, Schmuck und bildende Kunst. — 17. Tanz und Poesie. — 18. Mythologie und Religion. — 19. Sitte, Brauch, Recht. — 20. Die Bedeutung der Zahlen, Zeitrechnung. — 21. Die Heilkunde. — 22. Rückblick und Zusammenfassung.

III. Buch. Anmerkungen.

NORDISCHE ALTERTUMSKUNDE

NACH FUNDEN UND DENKMÄLERN AUS DÄNEMARK UND SCHLESWIG

GEMEINFASSLICH DARGESTELLT

VON

DR. SOPHUS MÜLLER

DIREKTOR AM NATIONALMUSEUM ZU KOPENHAGEN.

DEUTSCHE AUSGABE

UNTER MITWIRKUNG DES VERFASSERS BESORGT

VON

DR. OTTO LUITPOLD JIRICZEK

PRIVATDOZENTEN DER GERMANISCHEN PHILOLOGIE AN DER UNIVERSITÄT BRESLAU.

I. Band: Steinzeit — Bronzezeit. Mit 253 Abbildungen im Text, 2 Tafeln und einer Karte. 8°. XII, 472 S. 1897. Broschirt M. 10.—, in Leinwand gebunden M. 11.—.

II. Band: Eisenzeit. Mit 189 Abbildungen im Text und 2 Tafeln. 8°. VI, 324 S. 1898. Broschirt M. 7.—, in Leinwand gebunden M. 8.—.

Inhalt:

I. Steinzeit. 1. Wohnplätze der älteren Steinzeit. 2. Altertümer aus der Zeit der Muschelhaufen. 3. Chronologie der älteren Steinzeit. 4. Die Periode zwischen der Zeit der Muschelhaufen und der Steingräber. 5. Die kleineren Steingräber, Rundgräber und Hünenbetten. 6. Die grossen Steingräber oder Riesenstuben. 7. Das Innere der Steingräber, Begräbnisbräuche und Grabbeigaben. 8. Die jüngsten Gräber der Steinzeit: Kisten- und Einzelgräber. 9. Das Studium der Steingräber, eine historische Uebersicht. 10. Altertümer aus der jüngeren Steinzeit. 11. Kunst und Religion. 12. Das Studium der Steinaltertümer, eine historische Uebersicht. 13. Herstellungstechnik der Geräte und Waffen. 14. Wohnplätze, Lebensweise etc.

Fortsetzung siehe nächste Seite.

Nordische Altertumskunde (Fortsetzung).

II. Bronzezeit. 1. Aufkommen und Entwickelung des Studiums der Bronzezeit. — Die ältere Bronzezeit: 2. Aeltere Formen aus Männergräbern, Waffen und Schmuck. 3. Toilettegerätschaften. 4. Männer- und Frauentrachten. Feld- und Moorfunde. 5. Die älteste Ornamentik im Norden und ihr Ursprung. 6. Die älteste Bronzezeit in Europa. 7. Beginn der nordischen Bronzezeit und Bedeutung des Bernsteinhandels. 8. Grabhügel und Gräber. 9. Der spätere Abschnitt der älteren Bronzezeit. 10. Die Leichenverbrennung, Ursprung, Verbreitung und Bedeutung des Brauches. — Die jüngere Bronzezeit: 11. Einteilung, Zeitbestimmung, Funde. 12. Gräber, Grabbeigaben. 13. Feld- und Moorfunde etc. 14. Innere Zustände, Handwerk, Ackerbau, Kunst, Religion.

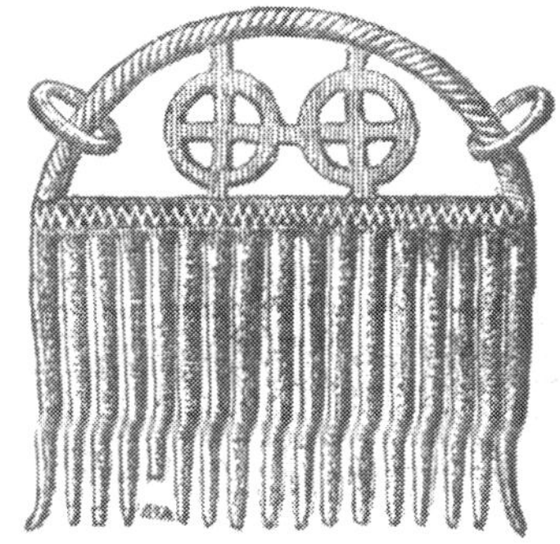

I. Bd. Abbild. 121.
Kamm aus der jüngeren Bronzezeit.

III. Die Eisenzeit. Die ältere Eisenzeit. 1. Beginn der Eisenzeit in Europa. 2. Die vorrömische Eisenzeit. Eine fremde Gruppe. 3. Zwei nordische Gruppen. 4. Die römische Zeit. Altertümer und Industrie. 5. Gräber und Grabfunde aus der römischen Zeit. 6. Die Völkerwanderungszeit. Fremde und nordische Elemente. 7. Die Grabfunde aus der Völkerwanderungszeit. 8. Die grossen Moorfunde aus der Völkerwanderungszeit. 9. Die Goldhörner und der Silberkessel. Opferfunde aus der Eisenzeit. — Die jüngere Eisenzeit. 10. Die nachrömische Zeit. 11. Die Tierornamentik im Norden. 12. Die Vikingerzeit. 13. Gräber, Bestattungsarten, Gedenksteine. 14. Handwerk, Kunst und Religion. Schlussbetrachtung: Mittel, Ziel und Methode. Sach- und Autoren-Register. — Orts- und Fundstätten-Register.

«. . . S. Müllers Altertumskunde ist ebenso wissenschaftlich wie leicht verständlich. Es ist freudig zu begrüssen, dass dieses Werk in deutscher Sprache erscheint, und O. Jiriczek war eine vortrefflich geeignete Kraft, sich dieser Aufgabe der Uebersetzung zu unterziehen . . . Die verschiedenen Anschauungen der Gelehrten über einzelne Erscheinungen werden in objektiver Weise dargelegt, wodurch in das Werk zugleich eine Geschichte der nordischen Archäologie verwebt ist. Dabei hat M. jederzeit seine Blicke auf die Parallelerscheinungen und die Forschung bei anderen Völkern gerichtet und dadurch den Wert seines Werkes über die Grenzen der nordischen Archäologie erweitert. Besondere Anerkennung verdient auch die klare und scharfe Erklärung technischer Ausdrücke. . . .» *Literar. Centralblatt 1897, Nr. 2.*

Geschichte der Griechischen Plastik

von

Maxime Collignon

Mitglied des Instituts, Professor an der Universität in Paris.

Erster Band: Anfänge. — Früharchaische Kunst. — Reifer Archaismus — Die grossen Meister des V. Jahrhunderts. Ins Deutsche übertragen und mit Anmerkungen begleitet von Eduard Thraemer, a. o. Professor an der Universität Strassburg. Mit 12 Tafeln in Chromolithographie oder Heliogravüre und 281 Abbild. im Text. Lex. 8°. XV, 592 S. 1897. Broschirt M. 20.—, in eleg. Halbfranzband M. 25.—.

Zweiter Band: Der Einfluss der grossen Meister des V. Jahrhunderts. — Das IV. Jahrhundert. — Die hellenistische Zeit. — Die griechische Kunst unter römischer Herrschaft. Ins Deutsche übertragen von Fritz Baumgarten, Professor am Gymnasium zu Freiburg i. B. Mit 12 Tafeln in Chromolithographie oder Heliogravüre und 377 Abbildungen im Text. Lex. 8°. XII, 763 S. 1898. Broschirt M. 24.—, in eleg. Halbfranzband M. 30.—.

„Collignon's Histoire de la sculpture grecque,... hat mit Recht überall eine sehr günstige Aufnahme gefunden. Der Verf. steht von vorn herein auf dem Boden, der durch die umwälzenden Entdeckungen der letzten Jahrzehnte geschaffen ist, und betrachtet von diesem neu gewonnenen Standpunkte aus auch die älteren Thatsachen und Forschungsergebnisse. Er beherrscht die einschlägige Literatur, in der die deutsche Forschung einen bedeutenden Platz einnimmt, und weiss die Streitfragen oder die Thatsachen in geschmackvoller Form und ohne ermüdende Breite darzustellen. Eine grosse Anzahl gut ausgeführter Textillustrationen, nach zum grössten Teil neu angefertigten Zeichnungen, dient dem Texte zu anschaulicher Belebung und bietet eine vornehme Zierde des Buches, sehr verschieden von jenen oft nichtssagenden Umrissen, welchen wir in ähnlichen Büchern so oft begegnen. So war es ein glücklicher Gedanke, Collignon's Werk dem deutschen Publikum, nicht blos dem gelehrten, durch eine deutsche Uebersetzung näher zu bringen. Der Uebersetzer, Dr. Ed. Thraemer, hat seine nicht ganz einfache Aufgabe vortrefflich gelöst: die Darstellung liest sich sehr gut, und man wird nicht leicht daran erinnert, dass man eine Uebersetzung vor sich hat. Hier und da ist ein leichtes thatsächliches Versehen stillschweigend berichtigt, anderswo durch einen (als solcher bezeichneten) Zusatz ein Hinweis auf entgegenstehende Auffassungen, auf neuerdings bekannt gewordene Thatsachen, auf neu erschienene Literatur gegeben . . . Im Ganzen jedoch handelt es sich um eine Uebersetzung, nicht um eine durchgehende Bearbeitung des Originalwerkes, so dass der Leser überall Collignon's Auffassungen ohne fremde Aenderungen kennen lernt . . .

fs. (Liter. Centralblatt 1899. Nr. 53.)

Griechische Geschichte

von

Julius Beloch.

I. Band: **Bis auf die sophistische Bewegung und den peloponnesischen Krieg.** gr. 8°. XII, 637 S. 1893. Broschirt M. 7.50, in Halbfranz gebunden 9.50.

II. Band: **Bis auf Aristoteles und die Eroberung Asiens.** Mit Gesamtregister und einer Karte. gr. 8°. XIII, 720 S. 1897. Broschirt M. 9.—, in Halbfranz gebunden M. 11.—.

III. Band: **Die griechische Weltherrschaft.**
1. Abteilung. Gr. 8°. XIV, 759 S. 1903. Brosch. M. 9.—, in Halbfranz gebunden M. 11.50.

— — — 2. Abteilung. Mit sechs Karten. Gr. 8°. XVI, 576 S. 1904. Broschiert M. 10.50, in Halbfranz gebunden M. 13.—.

„. . . Das Ganze ist fliessend geschrieben, von durchsichtiger Klarheit, gleich abgerundet in Form und Fassung. So tritt das Buch mit dem Anspruch auf, dem deutschen Publikum zu bieten, was es bis jetzt noch nicht besitzt: eine von wirklich historischem Geist getragene und zugleich lesbare Geschichte Griechenlands. Ref. steht nicht an, zu erklären, dass es diesen Anspruch in weitem Umfang erfüllt. Durch einen freien und weiten Blick, durch umfassende historische Kenntnisse, durch gründliche Durcharbeitung des Materials war der Verf. für seine Aufgabe vorbereitet. Von der Selbständigkeit und der vor keiner Consequenz zurückschreckenden Energie seines historischen Urteils hat er schon früher vielfach Proben abgelegt . . . “

Eduard Meyer im Literarischen Centralblatt 1894, Nr. 4.

Der eigentliche Vorzug des Werkes liegt auf dem Gebiete der Darstellung der wirtschaftlichen und socialen Grundlagen des Lebens, in denen B. die materiellen Grundlagen erkennt, auf denen sich die grossartigen Umwälzungen, auch der geistigen und politischen Entwickelung vollzogen. Da B. gerade in dieser Beziehung das Material beherrscht, wie nicht leicht ein anderer Forscher, so durfte man hierin von seiner Darstellung Ausführliches und Vorzügliches erwarten . . . . Glanzpunkte sind der VII. Abschnitt: Die Umwälzung im Wirtschaftsleben (vom 7. zum 6. Jahrh.) und der XII.: Der wirtschaftliche Aufschwung nach den Perserkriegen . . . . Ueber die Bevölkerungsverhältnisse, über die Getreideeinfuhr, über das Aufhören der Natural- und den Beginn der Geldwirtschaft, die Erträgnisse der Industrie und des Handels, über Zinsen, Arbeitslöhne etc. erhalten wir die eingehendsten Aufschlüsse und wundern uns, wie diese wichtigen Dinge bei der Darstellung der griechischen Geschichte bisher unberücksichtigt bleiben konnten.

. . . Die Form der Darstellung ist eine ausserordentlich gewandte und fliessende.

Bl. f. d. Gymnasialschulwesen, XXX. Jahrg. S. 671 u. ff.

Deutsche Volkskunde.

Von

Elard Hugo Meyer,

Professor der germanischen Altertumskunde an der Universität Freiburg i. Br.
Mit 17 Abbildungen und einer Karte.

8°. VIII, 362 S. 1898. Preis broschirt M. 6.—, in Leinwand gebunden M. 6.50.

Inhalt: I. Dorf und Flur; II. Das Haus; III. Körperbeschaffenheit und Tracht; IV. Sitte und Brauch; V. Die Volkssprache und die Mundarten; VI. Die Volksdichtung; VII. Sage und Märchen.

« . . . Was Volkskunde ist, darüber fehlte bisher jede umfassendere Aufklärung. Der Inhalt und Umfang des Begriffes ist keineswegs blos Laien fremd. Auch diejenigen, die den aufblühenden Studien der Volkskunde näher stehen, wissen nicht immer, was den Inhalt derselben ausmacht . . .

So erscheint nun zu guter Stunde ein wirklicher Führer auf dem neuen Boden, ein Leitfaden für jeden, der den Zauber der Volkskunde erfahren hat oder erfahren will, für den Lernbegierigen sowohl wie für jeden Freund des Volkes. Bisher fehlte jede Orientierung, wie sie uns jetzt Prof. Elard Hugo Meyer in einem stattlichen Bändchen bietet. Der Verfasser, von mythologischen Forschungen her seit lange mit Volksüberlieferungen und Volkssitten vertraut — der angesehenste unter unseren Mythologen — hat seit Jahren das Werk vorbereitet, das er uns jetzt als reiche Frucht langjähriger Sammelarbeit vorlegt . . . Es ist ein unermesslich grosses Gebiet, durch das uns das Buch führt. Es ist frische grüne Weide, die seltsamerweise dem grossen Schwarm der Germanisten unbemerkt geblieben ist. Ein fast ganz intaktes Arbeitsgebiet . . .

Das Buch ist nicht bloss eine wissenschaftliche, es ist auch eine nationale That».

Beilage zur Allgemeinen Zeitung 1897 Nr. 286.

»Wer sich durch diese Zeilen Lust machen liesse, Meyers Buch selbst in die Hand zu nehmen, würde es nicht bereuen. Es ist natürlich wissenschaftlich zuverlässig gearbeitet, ausserdem aber ungewöhnlich fliessend geschrieben und, was uns am meisten wiegt, von einer ganz prächtigen Auffassung der Dinge belebt. Wie oft muss man sonst bei Arbeiten aus diesem Gebiete den schönen Stoff bedauern, der in die unrechten Hände gekommen ist. Hier ist er in den richtigen. Als ein deutliches Beispiel für die bewusst geschmackvolle, im besten Sinne feine Behandlung des Stoffes ist uns die Verwendung und die Art der Wiedergabe der Mundart erschienen . . . Das Buch enthält auch eine Menge Fragen und benutzt sie, den Leser zum Mitleben zu zwingen der Verfasser nennt es selbst im Vorwort einen in die erzählende Form gegossenen Fragebogen. . . .»

Die Grenzboten 1898 Nr. 13.

MYTHOLOGIE

der

GERMANEN

Gemeinfaßlich dargestellt

von

Elard Hugo Meyer,

Professor an der Universität Freiburg i. Br.

Mit einer Deckenzeichnung von Professor Wilhelm Trübner.

8°, XII, 526 Seiten, 1903. Preis geheftet M. 8.50,
in Leinwand gebunden M. 10.—.

Inhalt: Vorwort. — 1. Kapitel: Die Quellen der germanischen Mythologie. — 2. Kapitel: Der Seelenglaube. — 3. Kapitel: Der Alpglaube. — 4. Kapitel: Die Elfen. — 5. Kapitel: Die Riesen. — 6. Kapitel: Die höheren Dämonen. — 7. Kapitel: Das Götterleben und der Götterdienst. — 8. Kapitel: Die einzelnen Götter. — 9. Kapitel: Die einzelnen Göttinnen. – 10. Kapitel: Das Christentum in der nordischen Mythologie. — Anmerkungen. — Register.

„. . Jetzt nun legt M. ein neues großes mythologisches Werk vor, das anders wie sein erstes «durch die Schilderung zu wirken versucht und den Gebildeten zu freiem Genuß wissenschaftlicher Erkenntnis einlädt». Damit ist seine Anlage und sein Zweck treffend genug gekennzeichnet, und die Ausführung entspricht ganz vorzüglich den Absichten des Verf's. In klarer, übersichtlicher, allgemein verständlicher, stets psychologisch begründeter Form behandelt er meisterhaft, ohne auf weniger wichtige Sonderfragen oder auf Streitigkeiten in der Gelehrtenwelt einzugehen, seinen Stoff in 10 Kapiteln. . . .

. . . Von den nicht ausschließlich für die Wissenschaft bestimmten Darstellungen der germanischen Mythologie halten wir dieses Werk M's für die beste, und wir wünschen mit dem Verf., daß es ihm gelingen möge, etwas genauere Kenntnis von dem religiösen Leben unserer heidnischen Vorzeit in recht weite Kreise der Gebildeten unseres Volkes zu tragen. Selbstverständlich muß sich auch jeder Fachmann mit diesem neuen Buche vertraut machen und abfinden, und die studierende Jugend dürfte ebenso mit mehr Genuß und Vorteil zu ihm als zu M's älterem Buche greifen, zumal durch einen reichen Anhang von Anmerkungen mit Literatur- und Quellenangaben für alle gesorgt ist, die einzelnen Fragen näher nachzugehen wünschen. Ein sorgfältiges, reichhaltiges Register ermöglicht auch die Benutzung des gediegen ausgestatteten Werkes zu Nachschlagezwecken.

Literarisches Centralblatt. 1903. Nr. 42.

WALDBÄUME UND KULTURPFLANZEN
IM
GERMANISCHEN ALTERTUM

VON

JOHANNES HOOPS

O. PROFESSOR AN DER UNIVERSITÄT HEIDELBERG.

8°. XVI, 689 S. 1905. Mit 8 Abbildungen im Text und einer Tafel.

Geheftet M. 16.—, in Leinwand gebunden M. 17.50.

„Die T.... Verlagsbuchhandlung, der die germanische Forschung schon so viel bleibende Bereicherung verdankt, hat uns hier mit einem Werke beschenkt, welches allseitig lebhafte Beachtung finden wird. Das schön ausgestattete stattliche Werk eines so ausgezeichneten Kenners, wie es Herr J. Hoops ist, kommt einem in der letzten Zeit vielfach empfundenen Bedürfnis entgegen: zum ersten Male wieder wird uns seit V. Hehns unvergänglichem Werke hier eine zusammenfassende Darstellung der neueren Ergebnisse der sprachwissenschaftlichen, altertumskundlichen und naturwissenschaftlichen Forschung auf einem besonders anziehenden und allgemein interessierenden Gebiete dargeboten. Die Darstellung ist überall eine ansprechende und obwohl auf der Höhe der wissenschaftlichen Diskussion stehend, doch im edlen Sinne des Wortes gemeinverständlich. So verdient es das Buch, sich viele Freunde in den Kreisen der Fachgelehrten und aber auch aller Liebhaber des Faches zu gewinnen. Es bringt vieles und daher auch vielen etwas. Der Verfasser hat seine grossartig angelegte Spezialstudie von vornherein auf eine möglichst breite Basis gestellt und den Forschungen nach allen Seiten hin weite Perspektiven gegeben; er hat nicht bloß gelegentliche Blicke in die Nachbardisziplinen geworfen, sondern sich eindringend und gründlich darin umgetan ....“

Prof. Dr. J. Ranke-München im *Correspondenzblatt der Deutschen anthropologischen Gesellschaft 1905, Nr. 10.*

Etymologisches Wörterbuch

der deutschen Sprache

von

Friedrich Kluge,

ord. Professor der deutschen Sprache an der Universität Freiburg i. Br.

Sechste verbesserte und vermehrte Auflage.

Zweiter Abdruck.

Dieser neue Abdruck beschränkt sich im wesentlichen darauf, in der Anordnung der Stichworte bei den Buchstaben T und U die neue Orthographie durchzuführen.

Lex. 8°. XXVI, 510 S. 1905. Geheftet M. 8.—, in Halbfranz geb. M. 10.—

Vor dem Erscheinen der ersten Auflage von **Kluges etymologischem Wörterbuch** hat es eine lexikalische Bearbeitung der Etymologie unseres modernen Sprachschatzes nicht gegeben. Der Erfolg der seit dem Jahre 1884 erschienenen fünf Auflagen und die Anerkennung, welche dem Buche zu Teil geworden, haben gezeigt, wie richtig der Gedanke war, die Ergebnisse des anziehendsten und wertvollsten Teiles der wissenschaftlichen Wortforschung: den über die Entstehung und Geschichte der einzelnen Wörter unseres Sprachschatzes, in knapper lexikalischer Darstellung zusammenzufassen.

Der Verfasser hat es sich zur Aufgabe gemacht, Form und Bedeutung jedes Wortes bis zu seiner Quelle zu verfolgen, die Beziehungen zu den klassischen Sprachen in gleichem Maße betonend wie das Verwandtschaftsverhältnis zu den übrigen germanischen und den romanischen Sprachen; auch die entfernteren orientalischen, sowie die keltischen und slavischen Sprachen sind in allen Fällen herangezogen, wo die Forschung eine Verwandtschaft festzustellen vermag. Eine allgemeine Einleitung behandelt die **Geschichte der deutschen Sprache** in ihren Umrissen.

Die vorliegende neue Auflage, die auf jeder Seite Besserungen oder Zusätze aufweist, hält an dem früheren Programm des Werkes fest, strebt aber wiederum nach einer Vertiefung und Erweiterung der wortgeschichtlichen Probleme und ist auch diesmal bemüht, den neuesten Fortschritten der etymologischen Wortforschung gebührende Rechnung zu tragen; sie unterscheidet sich von den früheren Auflagen besonders durch sprachwissenschaftliche Nachweise und Quellenangaben, sowie durch Aufnahme mancher jüngerer Worte, deren Geschichte in den übrigen Wörterbüchern wenig berücksichtigt ist, und durch umfänglicheres Zuziehen der deutschen Mundarten. Aus den ersten Buchstaben seien nur die folgenden Wörter, zum Teil Neuschöpfungen unseres Jahrhunderts, angeführt, die neu aufgenommen worden sind: allerdings, Altkanzler, Anfangsgründe, Angelegenheit, Anschaulichkeit, anstatt, anzüglich, Aschenbrödel, Aschermittwoch, ausmergeln, Begeisterung, beherzigen, belästigen, bemitleiden, beseitigen, Beweggrund, bewerkstelligen, bildsam, bisweilen, Blamage, Büttner, Christ, Christbaum, Christkindchen; aus dem Buchstaben K nennen wir: Kabache, Kämpe[2], Kammerkätzchen; Kanapee, Kannengießer, Känsterlein, Kanter, Kaper[2], Käpfer, Kartätsche, Katzenjammer u. s. w. Am besten aber veranschaulichen einige Zahlen die Vervollständigung des Werkes seit seinem ersten Erscheinen: die Zahl der Stichworte hat sich von der ersten zur sechsten Auflage vermehrt im Buchstaben A: von 130 auf 280, B: von 387 auf 520, D: von 137 auf 200, E: von 100 auf 160, F: von 236 auf 329, G: von 280 auf 330, K: von 300 auf 440, P: von 180 auf 236.

Von Luther bis Lessing.

Sprachgeschichtliche Aufsätze

von

Friedrich Kluge,
Professor an der Universität Freiburg i. Br.

Vierte durchgesehene Auflage.

8°. VII, 253 S. mit einem Kärtchen. 1904. Preis M. 4.—, geb. M. 5.—

Inhalt: Kirchensprache und Volkssprache. — Maximilian und seine Kanzlei. — Luther und die deutsche Sprache. — Schriftsteller und Buchdrucker. — Schriftsprache und Mundart in der Schweiz. — Oberdeutscher und mitteldeutscher Wortschatz. — Niederdeutsch und Hochdeutsch. — Latein und Humanismus. — *Ideal und Mode. — Oberdeutschland und die Katholiken. — *Goethe und die deutsche Sprache. — Anhang: Zeittafeln zur neuhochdeutschen Sprachgeschichte; Namen- und Sachregister; Wortregister.

* Die neue Auflage ist um diese beiden Aufsätze vermehrt.

Urteile der Presse über die bisherigen Auflagen:

„Es muss mit allem Nachdrucke betont werden, dass Kluges Schrift eine sehr lehrreiche und für den grösseren Leserkreis, für den sie bestimmt, hocherwünschte ist.“ *Deutsche Litteraturzeitung 1888 Nr. 14.*

„Der Verfasser der vorliegenden Aufsätze zur Geschichte der neuhochdeutschen Schriftsprache hat bereits bewiesen, dass er es vortrefflich versteht, für einen grösseren Leserkreis zu arbeiten, ohne der strengen Wissenschaftlichkeit dadurch Abbruch zu thun. Er weiss seine Forschungen in ein Gewand zu kleiden, welches auch Nicht-Fachleute anzieht; er stösst nicht ab durch zu viele Citate, durch störende Anmerkungen und weitläufige Exkurse; er greift geschickt die interessantesten Probleme heraus und behandelt sie mit leichter Feder, so dass auch der Laie gereizt wird, weiter zu lesen. Und sollte es nicht ein Verdienst sein, gerade die ebenso schwierigen als wichtigen und interessanten Fragen, die sich an die Geschichte der Ausbildung unseres schriftlichen Ausdruckes anknüpfen, in weitere Kreise zu tragen, insbesondere auch die Schule dafür zu gewinnen? Die Schule, die sich der germanistischen Forschung gegenüber sonst so spröde verhält? Wenn Kluge mit der vorliegenden Schrift in Lehrerkreisen denselben Erfolg erzielt, wie mit seinem etymologischen Wörterbuche, so verdient er schon deswegen die wärmste Anerkennung. . . .“ *Literarisches Centralblatt 1888 Nr. 34.*

Deutsche Grammatik

Gotisch, Alt-, Mittel- und Neuhochdeutsch

von

W. Wilmanns

o. Professor der deutschen Sprache u. Litteratur a. d. Universität Bonn

Erste Abteilung: Lautlehre. 2. verbesserte und vermehrte Auflage. gr. 8°. XX, 425 S. 1897. Broschiert M. 8.—, in Halbfranz gebunden M. 10.—.

Zweite Abteilung: Wortbildung. Zweite Auflage. gr. 8°. XVI, 671 S. 1899. Broschiert M. 12,50, in Halbfranz gebunden M. 15.—.

Die zweite Auflage beider Abteilungen ist, was die Zahl der Exemplare betrifft, eine erhöhte, um auf eine lange Reihe von Jahren hinaus die Notwendigkeit eines Neudrucks oder einer neuen Bearbeitung auszuschließen und dadurch die Käufer vor allzu schnellem Veralten des Werkes zu schützen.

Dritte Abteilung: Flexion. 1. Hälfte: Verbum. Erste u. zweite Auflage. Gr. 8°. X, 315 S. 1906. M. 6.—, in Halbfranz gebunden M. 8.—.

Das Werk wird in vier Abteilungen erscheinen: Lautlehre, Wortbildung, Flexion, Syntax. Eine fünfte, die Geschichte der deutschen Sprache, wird sich vielleicht anschliessen.

„. . . Es ist sehr erfreulich, dass wir nun ein Buch haben werden, welches wir mit gutem Gewissen demjenigen empfehlen können, der sich in das Studium der deutschen Sprachgeschichte einarbeiten will, ohne die Möglichkeit zu haben, eine gute Vorlesung über deutsche Grammatik zu hören; in Wilmanns wird er hierzu einen zuverlässigen, auf der Höhe der jetzigen Forschung stehenden Führer finden. Aber auch dem Studierenden, der schon deutsche Grammatik gehört hat, wird das Buch gute Dienste leisten zur Wiederholung und zur Ergänzung der etwa in der Vorlesung zu kurz gekommenen Partien. Jedoch auch der Fachmann darf die Grammatik von W. nicht unberücksichtigt lassen. Denn alle in Betracht kommenden Fragen sind hier mit selbständigem Urteil und unter voller Beherrschung der Literatur erörtert. Und nicht selten werden Schlüsse gezogen, die von der gewöhnlichen Auffassung abweichen und zum Mindesten zur eingehenden Erwägung auffordern, so dass niemand ohne vielfache Anregung diese Lautlehre aus der Hand legen wird. Besonders reich an neuen Auffassungen ist uns die Lehre von den Konsonanten erschienen. Aber auch die übrigen Teile, unter denen die bisher weniger oft in Grammatiken dargestellte Lehre vom Wortaccent hervorzuheben wäre, verdienen Beachtung . . . " *W. B., Literarisches Centralblatt 1893 Nr. 40.*

GESCHICHTE

DER

DEUTSCHEN LITTERATUR

BIS ZUM AUSGANGE DES MITTELALTERS

VON

RUDOLF KOEGEL

Erster Band: **Bis zur Mitte des elften Jahrhunderts.**

Erster Teil: Die stabreimende Dichtung und die gotische Prosa. 8°. XXIII, 343 S. 1894. M. 10.—

Ergänzungsheft zu Band I: Die altsächsische Genesis. Ein Beitrag zur Geschichte der altdeutschen Dichtung und Verskunst. 8°. X, 71 S. 1895. M. 1.80

Zweiter Teil: Die endreimende Dichtung und die Prosa der althochdeutschen Zeit. 8°. XX, 652 S. 1897. M. 16.—

Die drei Teile des I. Bandes zusammen in einen Band in Halbfranz gebunden M. 31.50

«.... Koegel hat eine Arbeit unternommen, die schon wegen ihres grossen Zieles dankbar begrüsst werden muss. Denn es kann die Forschung auf dem Gebiete der altdeutschen Litteraturgeschichte nur wirksamst unterstützen, wenn jemand den ganzen vorhandenen Bestand von Thatsachen und Ansichten genau durchprüft und verzeichnet, dann aber auch an allen schwierigen Punkten mit eigener Untersuchung einsetzt. Beides hat K. in dem vorliegenden ersten Bande für die älteste Zeit deutschen Geisteslebens gethan. Er beherrscht das bekannte Material vollständig, er hat nichts aufgenommen oder fortgelassen, ohne sich darüber sorgfältig Rechenschaft zu geben. Kein Stein auf dem Wege ist von ihm unumgewendet verblieben.»

Anton E. Schönbach, Oesterreich. Litteraturblatt 1894 Nr. 18.

Geschichte
der
Englischen Litteratur
von
Bernhard ten Brink.

Erster Band: Bis zu Wiclifs Auftreten.

2. verbesserte und vermehrte Auflage herausgegeben von
Alois Brandl.

8°. XX, 520 S. 1899. Broschiert M. 4.50, in Leinwand geb. M. 5.50, in Halbfranz geb. M. 6.50.

Inhalt: I. Buch. Vor der Eroberung. II. Buch. Die Übergangszeit. III. Buch. Von Lewes bis Crecy. IV. Buch. Vorspiel der Reformation und der Renaissance. Anhang.

Zweiter Band: Bis zur Reformation.

Herausgegeben von **Alois Brandl.**

8°. XV, 647 S. 1893. Broschiert M. 8.—, in Leinwand geb. M. 9.—, in Halbfranz geb. M. 10.—.

Inhalt: IV. Buch. Vorspiel der Reformation und der Renaissance (Fortsetzung). V. Buch. Lancaster und York. VI. Buch. Die Renaissance bis zu Surrey's Tod.

Daraus einzeln: die 2. Hälfte. 8°. XV u. S. 353–647. 1893. M. 5.—.

„Die Fortsetzung zeigt alle die glänzenden Eigenschaften des ersten Bandes nach meiner Ansicht noch in erhöhtem Masse; gründliche Gelehrsamkeit, weiten Blick, eindringenden Scharfsinn, feines ästhetisches Gefühl und geschmackvolle Darstellung."

Julius Zupitza, Deutsche Litteraturzeitung 1889, Nr. 19.

„Bernhard ten Brink's Litteraturgeschichte ist ohne Zweifel das grossartigste Werk, das je einem englischen Philologen gelungen ist. Mehr noch: es ist eine so meisterhafte Leistung, dass es jedem Litteraturhistoriker zum Muster dienen kann. Und dies Urtheil hat seine volle Kraft trotz der unvollendeten Gestalt des Werkes. Wäre es dem Verfasser vergönnt gewesen, es in derselben Weise zu Ende zu bringen, so würde es leicht die hervorragendste unter allen Gesammtlitteraturgeschichten geworden sein . . ." *Museum, 1893, Nr. 7.*

Die Bearbeitung der zwei weiteren Bände hat Herr Professor Dr. Alois Brandl übernommen.

Geschichte
der neuern
französischen Litteratur
(XVI.—XIX. Jahrhundert).

Ein Handbuch

von

Heinrich Morf.

Erstes Buch: Das Zeitalter der Renaissance.
8°. X, 246 S. 1898. Geheftet M. 2.50, in Leinwand gebunden M. 3.—

Inhalt: Einleitung: Mittelalterliche und humanistische Weltanschauung. — I. Kapitel: Am Ausgang des Mittelalters. (Die Zeit Ludwigs XII., 1498—1515). — II. Kapitel: Die Anfänge der Renaissancelitteratur. (Die Zeit Franz' I., 1515—1548). Einleitung. Die Prosa. Die Dichtung. 1. Die Lyrik. 2. Die Epik. 3. Die Dramatik. — III. Kapitel: Höhezeit und Niedergang der Renaissancelitteratur. (Die Zeit der letzten Valois und Heinrichs IV., 1547—1610.) Einleitung. Die Prosa. Die Dichtung. 1. Die Lyrik. 2. Die Epik. 3. Die Dramatik. — Bibliographische Anmerkungen.

Zweites Buch: Das Zeitalter des Klassizismus.
Unter der Presse.

Der III. Band wird die Literatur der Aufklärungszeit, der IV. Band die Literatur des XIX. Jahrhunderts schildern.

„Wer diesen ersten Band gelesen, wird das Erscheinen der folgenden mit Ungeduld erwarten. Die Erzählung der litterarischen Geschehnisse schreitet rasch vorwärts und ist fesselnd geschrieben. Die litterarischen Persönlichkeiten treten lebenswahr und plastisch hervor. Einige Beschreibungen kann man geradezu Kabinetstückchen nennen. Morf besitzt überhaupt die Gabe der prägnanten Charakterisierung. Ein paar Worte genügen ihm, um ein lebensvolles Bild hervorzuzaubern. . . .

Morfs Litteraturgeschichte ist eine ganz hervorragende Leistung. Wenn sich die folgenden Bände — wie es übrigens zu erwarten ist — auf der Höhe des ersten halten, werden wir in dieser französischen Litteraturgeschichte ein Werk begrüssen können, das sich der italienischen Litteraturgeschichte Gaspary's ebenbürtig an die Seite stellen wird. . ."

Beilage zur „Allgemein. Zeitung" 1899. Nr. 10.

Geschichte der Italienischen Literatur

von

Adolf Gaspary.

Erster Band: **Die italienische Literatur im Mittelalter.** 8°. 550 S. 1885. M. 9.–, in Halbfranz geb. M. 11.—.

Inhalt: Einleitung. — Die Sicilianische Dichterschule. — Fortsetzung der lyrischen Dichtung in Mittelitalien — Guido Guinicelli von Bologna. — Die französ. Ritterdichtung in Oberitalien. — Religiöse und moralische Poesie in Oberitalien. — Die religiöse Lyrik in Umbrien. — Die Prosa im 13. Jahrh. — Die allegorisch-didaktische Dichtung und die philosoph. Lyrik der neuen florentinischen Schule. — Dante. — Die Comödie. — Das 14. Jahrhundert. — Petrarca. — Petrarca's Canzoniere. — Anhang bibliographischer und kritischer Bemerkungen. — Register.

Zweiter Band: **Die italienische Literatur der Renaissancezeit.** 8°. 704 S. 1888. M. 12.—, in Halbfranz geb. M. 14.—.

Inhalt: Boccaccio. — Die Epigonen der großen Florentiner. — Die Humanisten des 15. Jahrhunderts. — Die Vulgärsprache im 15. Jahrh. und ihre Literatur. — Poliziano und Lorenzo dé Medici. — Die Ritterdichtung. — Pulci und Bojardo. — Neapel. — Pontano und Sannazaro. — Machiavelli und Guicciardini. — Bembo. — Ariosto. — Castiglione. — Pietro Aretino. — Die Lyrik im 16. Jahrh. — Das Heldengedicht im 16. Jahrh. — Die Tragödie. — Die Comödie. — Anhang bibliographischer und kritischer Bemerkungen.

„Jeder der sich fortan mit der hier behandelten Periode der italienischen Litteratur beschäftigen will, wird Gaspary's Arbeit zu seinem Ausgangspunkte zu machen haben. Das Werk ist aber nicht nur ein streng wissenschaftliches für Fachleute bestimmtes, sondern gewährt nebenbei durch seine anziehende Darstellungsweise auch einen ästhetischen Genuss; es wird daher auch in weiteren Kreisen Verbreitung finden." *Deutsche Litteraturzeitung.*

„. . . Empfiehlt sich das Buch einem größeren Publikum durch seinen leichtverständlichen geschmackvollen Ausdruck, so findet auch der Gelehrte in den im Anhang gegebenen reichen Anmerkungen die bibliographischen Nachweise und die kritische Begründung bei schwierigen zweifelhaften Punkten. Die Entschiedenheit des Urteils des Verfassers ist bei dieser nur zu loben . . ."
Literarisches Centralblatt 1886, Nr. 29.

Geschichte
der
spanischen Literatur
von
Philipp August Becker,

o. Professor an der Universität Budapest.

Kl. 8°. VII, 151 S. 1904. Geh. ℳ 2.—, in Leinwand geb. ℳ 2.50.

Inhalt: I. Mittelalter. — II. Fünfzehntes Jahrhundert. — III. Sechzehntes Jahrhundert: Poesie. — IV. Sechzehntes Jahrhundert: Prosa. — V. Cervantes. — VI. Lope de Vega. — VII. Schauspiel nach Lope. — VIII. Übrige Literatur des XVII. Jahrhunderts. — IX. Achtzehntes Jahrhundert. — X. Neunzehntes Jahrhundert. — Namenverzeichnis.

„Demjenigen, der sich rasch und ohne Mühe, aber doch gründlich über die wichtigsten Erscheinungen der spanischen Literaturgeschichte orientieren will, sei das vorliegende Büchlein bestens empfohlen. Es gibt, wie dies bei dem bescheidenen Umfang nicht anders möglich ist, nur Tatsachen und verzichtet auf gelehrte Konjekturen, Exkurse und Anmerkungen. Populäre Ausdrucksweise, lebhafte Darstellung und gelungene Gruppierung des Stoffes sind seine Vorzüge. Den Fachmann wird allerdings die allzu ausführliche Behandlung der neueren Literatur gegenüber der älteren befremden, doch wollte der Verfasser hierin wohl dem Interesse weiterer Kreise Rechnung tragen, welche in der Poesie die Gegenwart über die Vergangenheit stellen. Vermissen wird man dagegen ein historisches Kapitel über die äußere und kulturelle Entwicklung Spaniens, dessen Schrifttum mit der Geschichte in engerem Zusammenhang steht als die irgend eines anderen Landes. Auf Literaturangaben hat der Verfasser vollkommen verzichtet. Als ein Schritt, eine gelehrte Materie breiten Schichten des Volkes zugänglich zu machen, ist Beckers Arbeit jedenfalls mit Sympathien zu begrüßen.“ W. v. W.

Beilage zur Allgemeinen Zeitung 1904, Nr. 181.

„. . . Alles in allem ist es ein sehr brauchbares Handbuch, das als kürzeste Fassung eines ungeheuren Stoffes hohe Anerkennung verdient.“

Literarisches Zentralblatt 1906, Nr. 8.

Der sinnreiche Junker Don Quijote von der Mancha

von Miguel de Cervantes Saavedra.

Uebersetzt, eingeleitet und mit Erläuterungen versehen von

Ludwig Braunfels.

Neue revidierte Jubiläumsausgabe

Erster Band (Des ersten Teiles erste Hälfte). 8°. XLI, 318 S. 1905.
Zweiter Band (Des ersten Teiles zweite Hälfte). 8°. VI, 406 S. 1905.
Dritter Band (Des zweiten Teiles erste Hälfte). 8°. IX, 397 S. 1905.
Vierter Band (Des zweiten Teiles zweite Hälfte). 8°. IX, 367 S. 1905.

Preis jedes Bandes geheftet M. 2.50,
in Leinwand gebunden M. 3.50.

Eine würdige, gediegene Bibliotheksausgabe von Cervantes, Don Quijote, fehlte bisher im deutschen Buchhandel. Das 300 jährige Jubiläum dieses klassischen Meisterwerkes der Weltliteratur war eine passende Gelegenheit, dieses Bedürfnis zu befriedigen.

Urteile der Presse:

„... So war es denn ein vortrefflicher Gedanke, gerade dieser ausgezeichneten Übersetzer-Arbeit ein fröhliches Auferstehen in verjüngter und verbesserter Gestalt zu schaffen. . . . .

Mit dieser Neuausgabe ist keines Geringeren Namen verbunden als der Prof. Heinrich Morfs in Frankfurt a. M. .... Man darf sich aufrichtig freuen, daß eine so feine, taktvolle Hand über dieser Revision gewaltet hat, zugleich die Hand eines anerkannten Fachmanns, dem man sich überall sicher und vertrauensvoll überlassen kann.

Prof. Morf schätzt die Arbeit, die Braunfels geleistet hat, hoch ein. Er schreibt: „Diese Übertragung des Don Quijote ist eine sehr sorgfältige und kundige und auch eine sehr kunstvolle Arbeit .... Braunfels steht als Don Quijote-Übersetzer weit über allen deutschen Vorgängern in seiner Verbindung von kenntnisreicher Sorgfalt und künstlerischem Nachempfinden. Er allein hat uns eine im Wortsinn und Ton treue Umschrift geliefert. Sie verdient es wohl, im Jubiläumsjahr des Originals zu neuem Leben erweckt zu werden."

Neue Züricher Zeitung, Erste Beilage zu Nr. 159, 1905.

Die große Gemeinde der Cervantesverehrer, die der unsterbliche Spanier auch bei uns besitzt, wird es dem hervorragenden Frankfurter Philologen Dank wissen, daß er sich herbeigelassen hat, zum Don Quijote-Jubiläum eine revidierte Ausgabe von Braunfels' Übersetzung zu geben, die, in der Kollektion Spemann veröffentlicht, leider viel zu wenig Beachtung im gebildeten Publikum gefunden hat.

Deutsche Literaturzeitung 1905 Nr. 31.

Aus Dichtung und Sprache der Romanen.

Vorträge und Skizzen

von

Heinrich Morf.

8°. XI,540 S. 1903. Geheftet M. 6.–, in Leinwand gebunden M. 7.–.

Inhalt: Vom Rolandslied zum Orlando furioso. — Kaiser Karls Pilgerfahrt. — Die sieben Infanten von Lara. — Aus der Geschichte des französischen Dramas. — Spielmannsgeschichten. — Die Bibliothek Petrarca's. — Molière. — Bouhours. — Drei Vorposten der französischen Aufklärung (St. Evremond, Bayle, Fontenelle). — Die Cäsartragödien Voltaire's und Shakespeare's. — Voltaire und Bossuet als Universalhistoriker. — Zwei sonderbare Heilige. — Denis Diderot. — Wie Voltaire Rousseaus Feind geworden ist. — Der Verfasser von «Paul et Virginie». — Madame de Staël. — Ein Sprachenstreit in der rätischen Schweiz. — Frederi Mistral, der Dichter der Mirèio. — Zum Gedächtnis: I. Ludwig Tobler (1827—95). II. Jakob Baechtold (1848–97). III. Gaston Paris (1839—1903).

„Zerstreute Aufsätze und Gelegenheitsarbeiten zu einem Sammelband vereinigen und neu veröffentlichen, das ist bei der Mehrzahl der literarischen Produzenten ein nutzloser Akt der Eitelkeit und ein buchhändlerischer Unfug; bei einem Gelehrten und Künstler wie Heinrich Morf ist es ein gutes Recht und selbst eine Pflicht. M. hat seine Auswahl mit strenger Enthaltsamkeit getroffen: unter den 21 „Vorträgen und Skizzen", deren Entstehung sich auf einen Zeitraum von etwa 20 Jahren verteilt, findet sich kein einziges unbedeutendes Stück, kein Blättchen, das man missen möchte. Immer und überall werden die Erscheinungen, mit denen sich der einzelne Essay beschäftigt, in ihren großen genetischen Zusammenhang hineingestellt, immer erhebt sich der flügelstarke Geist des Verf's zu den klaren Höhen historischer Fernsicht, und dort sucht er sich jedesmal diejenige Perspektive, die den Dimensionen seines Gegenstandes und der Sehkraft seines Publikums am besten entspricht. Klarheit und Maß, eine geradezu hellenische σωφροσύνη, das ist die hohe und vornehmste Tugend, die über diesen Vorträgen waltet und sie im besten Sinne des Wortes populär macht. Diese Tugend aber hat man nicht ohne eine tiefe ästhetische Veranlagung. Darum ist M. ein Meister der Form. Nichts Blendendes, nichts Berauschendes noch Gefallsüchtiges liegt in seinem Stil; er ist schmiegsam und behende in der Schilderung fremden Wesens, knapp und bestimmt in der Darlegung des Tatsächlichen, voll Kraft und Wärme beim Ausdruck des eigenen Gefühls, sorgfältig und durchsichtig aber in jeder Zeile. Es ist eine Freude, den Band in einem Zuge weg zu lesen. Und welche Fülle romanischen Geisteslebens eröffnet sich! . . . .

Jeder gebildete Deutsche, dem eine verständnisvolle und sympathische Fühlung mit dem Geiste unserer lateinischen Brüder am Herzen liegt, wird gewiß an dem Buch seine Freude haben."

Literarisches Zentralblatt 1904 Nr. 4.

Frankreich und die Franzosen.

Von

Karl Hillebrand.

Vierte verbesserte und vermehrte Auflage.

Inhalt: Vorreden. — Einleitendes. — **Die Gesellschaft und Litteratur.** Kap. 1. Familie und Sitte. — 2. Unterrichtswesen. — 3. Provinz und Paris. — 4. Geistiges Leben. — **Politisches Leben.** Kap. 1. Das Ideal und seine Verwirklichung. — 2. Napoleon III. und die Republikaner. — 3. Die Diktatur Thiers und das Septennat. — Schlußbetrachtung. — **Anhang.** 1. Renan als Politiker. — 2. Gambetta. — 3. Pariser Arbeiterzustände. — 4. Karl Hillebrand. Nachruf von H. Homberger.

kl. 8°. XXII, 462 S. 1898. Preis brosch. M. 4.—, geb. M 5.—.

„. . . . Frankreich hat seit Jahrhunderten mehr als irgend ein Land das Privileg genossen, die Augen der Welt auf sich zu ziehen. Heute mehr als je zuvor. Was ein so feiner reicher Geist, ein solcher Kenner von Völkern, Zeiten und Menschen und ganz besonders dieses Landes, über dasselbe gedacht hat, wie sich die Erlebnisse der Gegenwart im Spiegel dieser, anderthalb Jahrzehnte zurückliegenden, Betrachtungen und Urteile ausnehmen, was sich davon bewährt, was sich anders gezeigt hat, das zu erfahren, ist heute von durchschlagendem Interesse. Hillebrand ist recht eigentlich ein Völkerpsychologe, nicht als Methodiker, sondern als Praktiker. Das Fach hat seine Klippen, mehr als viele andere. Hillebrand ist ihnen nicht immer entgangen. Aber, ob er nun überall richtig gesehen habe oder nicht, kompetent war er in hohem Grade, und sein Urteil fällt ins Gewicht. An vielen Stellen wird der Leser nicht umhin können, sich zu sagen, wie richtig das Urteil war und wie vieles eingetroffen ist.“ *Die Nation. Nr. 43, 23. Juli 1898.*

Bildet den ersten Band von

Zeiten, Völker und Menschen

von

Karl Hillebrand.

7 Bände kl. 8°. Preis pro Band brosch. M. 4.—, geb. M. 5.—.

Bd. II. Wälsches und Deutsches. 2. verbesserte und vermehrte Auflage. 8°. XIV, 458 S. 1892.
Bd. III. Aus und über England. 2. verbesserte und vermehrte Auflage. 8°. VIII, 408 S. 1892.
Bd. IV. Profile. 2. Ausgabe. 8°. VIII, 376 S. 1886.
Bd. V. Aus dem Jahrhundert der Revolution. 3. Ausgabe. 8°. VIII, 366 S. 1902.
Bd. VI. Zeitgenossen und Zeitgenössisches. 2. Ausgabe. 8°. VIII, 400 S. 1886.
Bd. VII. Culturgeschichtliches. 8°. XII, 335 S. Mit dem Bildnis des Verfassers in Holzschnitt 1885.

Grundriss der romanischen Philologie

unter Mitwirkung von

G. Baist, Th. Braga, H. Bresslau, T. Casini, J. Cornu, C. Decurtins, W. Deecke †, Th. Gartner, M. Gaster, G. Gerland, F. Kluge, Gust. Meyer †, W. Meyer-Lübke, C. Michaëlis de Vasconcellos, A. Morel-Fatio, Fr. d'Ovidio, J. Saroïhandy, A. Schultz, W. Schum †, Ch. Seybold, E. Stengel, A. Stimming, H. Suchier, H. Tiktin, A. Tobler, W. Windelband, E. Windisch

herausgegeben von

GUSTAV GRÖBER,

o. ö. Professor der romanischen Philologie an der Universität Strassburg.

I. Band. Zweite verbesserte und vermehrte Auflage. Lex.-8°. XVI, 1093 S. mit 4 Tafeln und 13 Karten. 1904—1906.
Broschiert *M* 17.50; in Halbfranz geb. *M* 20.—.

II. Band. 1. Abteilung. Lex.-8°. VIII, 1286 S. 1902.
Broschiert *M* 20.—; in Halbfranz geb. *M* 23.—.

II. Band. 2. Abteilung. Lex.-8°. VIII, 496 S. 1897.
Broschiert *M* 8.—; in Halbfranz geb. *M* 10.—.

II. Band. 3. Abteilung. Lex.-8°. VIII, 603 S. 1901.
Broschiert *M* 10.—; in Halbfranz geb. *M* 12.—.

Von den drei Abteilungen des II. Bandes ist eine neue Auflage nicht in Aussicht genommen.

Inhalt des Werkes:

I. Bd.:
I. EINFÜHRUNG IN DIE ROMANISCHE PHILOLOGIE.
Geschichte der romanischen Philologie.
Ihre Aufgabe und Gliederung.
II. ANLEITUNG ZUR PHILOLOGISCHEN FORSCHUNG.
Die Quellen der romanischen Philologie.
Die Behandlung der Quellen.
III. DARSTELLUNG DER ROMAN. PHILOLOGIE.
Romanische Sprachwissenschaft.
a) Die vorromanischen Volkssprachen der romanischen Länder.
b) Die romanischen Sprachen.

II. Bd. 1. Abt.:
Lehre von der romanischen Sprachkunst.
Litteraturgeschichte der romanischen Völker.
Die latein. Litteratur. — Die französ. Litteratur.

II. Bd. 2. Abt.:
Die provençalische Litteratur. — Die catalanische Litteratur. — Die portugiesische Litteratur. — Die spanische Litteratur.

II. Bd. 3. Abt.:
Die italienische Litteratur. — Die rätoromanische Litteratur. — Die rumänische Litteratur.
IV. GRENZWISSENSCHAFTEN.
Geschichte der romanischen Völker.
Culturgeschichte der romanischen Völker.
Kunstgeschichte der romanischen Völker.
Die Wissenschaften in den roman. Ländern.

NAMEN-, SACH- UND WÖRTERVERZEICHNIS:
am Schluß jedes Bandes.

Unter der Presse:

Grundriss der germanischen Philologie

unter Mitwirkung von

K. von Amira, W. Arndt, O. Behaghel, H. Bloch, D. Behrens, A. Brandl, O. Bremer, W. Bruckner, E. Einenkel, V. Gudmundsson, H. Jellinghaus, K. Th. von Inama-Sternegg, Kr. Kalund, Fr. Kauffmann, F. Kluge, R. Koegel †, R. v. Liliencron, K. Luick, J. A. Lundell, J. Meier †, E. Mogk, A. Noreen, J. Schipper, H. Schück, A. Schultz, Th. Siebs, E. Sievers, W. Streitberg, B. Symons, F. Vogt, Ph. Wegener, J. te Winkel, J. Wright

herausgegeben

von

HERMANN PAUL

ord. Professor der deutschen Philologie an der Universität München.

Zweite verbesserte und vermehrte Auflage.

Inhalt:

I. Bd.:
- I. Abschn.: BEGRIFF UND AUFGABE DER GERMANISCHEN PHILOLOGIE.
- II. Abschn.: GESCHICHTE DER GERMANISCHEN PHILOLOGIE.
- III. Abschn.: METHODENLEHRE.
- IV. Abschn.: SCHRIFTKUNDE. Mit 1 Tafel.
- V. Abschn.: SPRACHGESCHICHTE. Mit 3 Karten. (Mit Anhang: Die Behandlung der lebenden Mundarten.)

II. Bd.:
- VI. Abschn.: LITERATURGESCHICHTE. (Mit Anhang: Übersicht über die aus mündlicher Überlieferung geschöpften Sammlungen der Volkspoesie.)
- VII. Abschn.: METRIK.

III. Bd.:
- VIII. Abschn.: WIRTSCHAFT.
- IX. Abschn.: RECHT.
- X. Abschn.: KRIEGSWESEN.
- XI. Abschn.: MYTHOLOGIE.
- XII. Abschn.: SITTE. (Mit Anhang: Die Behandlung der volkstümlichen Sitte der Gegenwart.)
- XIII. Abschn.: KUNST.
- XIV. Abschn.: HELDENSAGE.
- XV. Abschn.: ETHNOGRAPHIE. Mit 6 Karten.

NB. Jedem Bande wird ein Namen-, Sach- und Wortverzeichnis beigegeben.

Bis jetzt erschienen:

I. Band (vollständig). Lex. 8°. XVI, 1621 S. mit einer Tafel und drei Karten 1901. Geheftet **M. 25.—**, in Halbfranz gebunden **M. 28.—**.

II. Band, I. Abteilung, 1.—3. Lieferung (je 16 Bogen) à **M. 4.—**, **4. Lieferung** (11 Bogen) **M. 2.50**. **II. Abteilung: Metrik.** Lex. 8°. III, 259 S. 1905. Geheftet **M. 4.—**, in Halbfranz gebunden **M. 6.—**.

III. Band (vollständig). Lex. 8°. XVII, 995 S. Mit 6 Karten. 1900. Geheftet **M. 16.—**; in Halbfranz gebunden **M. 18.50**.

Historisches
Schlagwörterbuch

Ein Versuch

von

Otto Ladendorf

8°. XXIV, 365 Seiten. 1906. Geheftet *M* 6.—, gebunden *M* 7. –.

„Die Ergebnisse der Schlagwortforschung, dieses jüngsten Zweiges der deutschen Wortforschung, der nicht älter ist als unser Jahrhundert, hat Otto Ladendorf in dem Versuch seines Historischen Schlagwörterbuches zusammengefaßt. Der Verfasser hat sein fleißiges Werk selbst bescheiden als Versuch bezeichnet, und in der Tat, es wäre gewagt, nach so kurzer Zeit des Sammelns mehr bieten zu wollen. Ist doch das Reich der Schlagworte ein weites, unbegrenztes, wie das der verwandten Modewörter und geflügelten Worte, welch letzteres Büchmann und seine Nachfolger nach mehr als 40 jähriger Arbeit noch nicht völlig erforscht haben und nie völlig erforschen werden. Derartige Arbeiten können nie abschließend vollendet werden, so wenig die lebende Sprache einen Abschluß kennt — es sind immer nur einzelne Abschnitte, die nach bienenfleißigem Sammeln und Schaffen zu einer annähernden Vollendung gelangen. — . . . . . Welch eine Fülle von Witz und Geist, von Liebe und Haß, von Kämpfen, Streben und Hoffen kommt in diesen Schlagworten zum Ausdruck! Welch buntes, belustigendes, anregendes Bilderbuch, das man nicht aus der Hand legt, ehe man es ganz durchblättert, durchlesen hat! — Das meiste, was Ladendorf bietet, entstammt dem 19. Jahrhundert, auch die zweite Hälfte des 18. Jahrhunderts ist stark von ihm berücksichtigt worden, aber daß auch die Deutschen vor 1750 in den Zeiten Gottscheds, der Sprachreiniger, des Dreißigjährigen Krieges, der Reformation, der Humanisten Schlagworte kannten, lehrt sein dankenswertes Buch nicht. Da dehnen sich noch weite, fast ganz unerforschte Gebiete, die zu den künftigen Auflagen des „Ladendorf" viel beisteuern werden! — Zur Mitarbeit an diesem Werke, das als würdiges Gegenstück zu Büchmanns Geflügelten Worten bezeichnet werden kann, ist jeder berufen — jeden noch so kleinen Beitrag wird die Verlagsbuchhandlung dankend für den Verfasser entgegennehmen!"

Beilage zur Allgemeinen Zeitung vom 4. Februar 1906 (Nr. 28).

Die Gatha's des Awesta

Zarathushtra's Verspredigten

übersetzt von

Christian Bartholomae.

8°. X, 133 S. 1905. Geheftet M. 3.—, gebunden M. 3.60.

„.... Wer sich mit den Grundlehren des Zoroastrismus bekannt machen will, wer die geistvolle Interpretation derselben von einem der ersten Iranisten kennen lernen will, der nehme dies Buch zur Hand. . . ."

Wiener Zeitschrift f. die Kunde des Morgenlandes XIX, 3.

„Der Name Zarathustras ist heutzutage Leuten geläufig, die keine Ahnung vom alten Iran und seinem Religions- und Sozialreformator haben: er ist durch Nietzsches Buch modern geworden, ja nicht selten meint man, wenn man Zarathustra nennt, Nietzsche. Der wirklich historische Zarathustra, ein Priester aus dem altiranischen Spitama-Geschlecht, ist aber so ziemlich das diametrale Gegenteil von dem Zarathustra Nietzsches gewesen, der, wenn man sehr nachsichtig ist, höchstens als eine sehr freie poetische Lizenz gelten kann. Zwischen beiden liegen nicht umsonst mehr als zweieinhalb Jahrtausende. Wer sich mehr für den echten Zarathustra interessiert als für seine Karikatur, dem wird soeben eine interessante literarische Gabe geboten in einer Übertragung seiner Verspredigten durch Christian Bartholomae, den Verfasser des großen und grundlegenden Altiranischen Wörterbuches....

Die Gathas bilden das älteste literarische Denkmal des iranischen Volkes und gehen im wesentlichen auf Zarathustra selbst zurück. Das Wort Gatha besagt eigentlich „Gesang, Lied". Ihrem Inhalt nach lassen sich die Gathas als Predigten in gebundener Form bezeichnen, als Verspredigten....

Bartholomae kristallisiert diese Zielpunkte in seinen trefflichen knappen Inhaltsübersichten der einzelnen Gathas zu allgemeiner Verständlichkeit heraus, so daß man wohl erwarten darf, daß selbst ein der Sache ursprünglich fremdes Publikum von Seite zu Seite des kleinen wertvollen Buches mehr Interesse und Teilnahme an dieser fernen Welt- und Lebensanschauung gewinnen wird, und sei es auch nur deshalb, weil sie die Lehre des wahren, des echten Zarathustra in sich schließt. Also sprach wirklich Zarathustra!" *Beilage zur „Allgemeinen Zeitung" 1905, Nr. 84.*

Zur
Analysis der Wirklichkeit.

Eine Erörterung der Grundprobleme der Philosophie

von

Otto Liebmann.

Dritte verbesserte und vermehrte Auflage.

8°. X, 722 S. 1900. — Preis: broschiert M. 12.—, gebunden M. 14.—

Inhalt: Vorwort zur dritten Auflage. — Prolegomena.
Erster Abschnitt: Zur Erkenntnißkritik und Transscendentalphilosophie. — Idealismus und Realismus. — Ueber die Phänomenalität des Raumes. — Anhang. — Raumcharakteristik und Raumdeduction. — Ueber subjective, objective und absolute Zeit. — Ueber relative und absolute Bewegung. — Zur Theorie des Sehens. Erstes Kapitel. Id. Zweites Kapitel. — Die Logik der Thatsachen oder Causalität und Zeitfolge. — Die Metamorphosen des Apriori.

Zweiter Abschnitt: Zur Naturphilosophie und Psychologie. Vorbetrachtungen. Erste Meditation. Id. Zweite Meditation. — Ueber den philosophischen Werth der mathematischen Naturwissenschaft. — Einige Worte über das Atom. — Platonismus und Darwinismus. — Das Problem des Lebens. — Aphorismen zur Kosmogonie. (Mythologie und Philosophie. Historische Zwischenbemerkung. Bedenken. Geogonie. Causalität und Teleologie. Ewige Palingenesie. Ideenordnung im Universum.) — Ueber den Instinct. — Die Association der Vorstellungen. — Ueber die Existenz abstracter Begriffe. — Menschen- und Thierverstand. — Gehirn und Geist. — Die Einheit der Natur.

Dritter Abschnitt: Zur Aesthetik und Ethik. — Ideal und Wirklichkeit. — Das ästhetische Ideal. — Das ethische Ideal

Gedanken und Thatsachen.

Philosophische Abhandlungen, Aphorismen und Studien

von

Otto Liebmann.

Erster Band: 8° XI, 470 S. 1899. ℳ 9.—.

Inhalt. 1. Heft: Die Arten der Nothwendigkeit. Die mechanische Naturerklärung. Idee und Entelechie. — 2. Heft: Gedanken über Natur und Naturerkenntniß. 1. Natur im Allgemeinen, 2. Gesetze und Kräfte, 3. Die Atomistik, 4. Organische Natur und Teleologie, 5. Die Naturbeseelung und der Geist. Schluß. — 3. Heft: Die Bilder der Phantasie. Das Zeitbewußtsein. Die Sprachfähigkeit. Psychologische Aphorismen.

Zweiter Band. 8°. IV, 508 S. 1904. ℳ 11.—.

Inhalt. 1. Heft: Geist der Transscendentalphilosophie. — 2. Heft: Grundriß der Kritischen Metaphysik. — 3. Heft: Trilogie des Pessimismus. Gedanken über Schönheit und Kunst. — 4. Heft: Der Ursprung der Werthe. Episoden; eine Gedankensymphonie. Gedanken über das Wesen der Moralität. Gang der Geschichte.

Das Werk enthält eine planmäßig und methodisch angeordnete Sammlung philosophischer Schriften, die sich auf dem Faden einer charakteristisch-bestimmten Weltauffassung aneinanderreihen, und zwar derjenigen philosophischen Weltauffassung, die in des Verfassers früherem Werke «Analysis der Wirklichkeit» ihre wissenschaftliche Begründung erhalten hat.

Erinnerungen, Reden und Studien

von

Ludwig Friedländer.

Zwei Bände.

8°. IX, 656 S. 1905. Geheftet ℳ 9.—, in Leinwand gebunden ℳ 10.50.

Inhaltsverzeichnis:

Mit dieser Veröffentlichung von Nebenarbeiten hat der Verfasser der „Darstellungen aus der Sittengeschichte Roms" der deutschen Bildung einen großen Dienst erwiesen und zugleich seinen Kollegen von der Philologie ein Muster geistiger Vielseitigkeit geboten, dem innerhalb dieses Kreises wenig an die Seite gesetzt werden kann. *Grenzboten, April 1906.*

Unter den hier vereinigten Aufsätzen Friedländers ist keiner, der es nicht verdiente, dem weiten Kreis der Gebildeten zugänglich gemacht zu werden; wer einige Stunden genußreicher Sammlung und Einkehr verleben will, mag zu diesem Buche greifen.

Vossische Zeitung, 3. Mai 1906.

L. Friedländer, der berühmte Verfasser der „Sittengeschichte Roms", hat seine „Erinnerungen, Reden und Studien" in zwei handlichen Bändchen gesammelt, die schon äußerlich den schweren, unfaßbaren Sammelbänden anderer Gelehrten gegenüber eine gewisse Modernität andeuten. — Hier nun haben wir wirklich einen „Philologen" im hohen Sinne des Wortes: einen Freund aller Kunstwerke menschlicher Sprache und Vernunft . . . .

Die Nation, 1906 Nr. 25. (Richard M. Meyer.)

Werke des Grafen Gobineau

verdeutscht bezw. herausgegeben

von

Ludwig Schemann.

VERLAG VON KARL J. TRÜBNER IN STRASSBURG.

Alexandre le Macédonien. Tragédie en 5 actes. 2me édition. Kl. 8⁰. XXVI, 101 S. 1902. M. 2.—

Alexander. Tragödie in 5 Aufzügen. Zweite Auflage. 8⁰. X u. 107 S. 1904. M. 2.—

VERLAG VON FR. FROMMANN IN STUTTGART.

Versuch über die Ungleichheit der Menschenracen. Vier Bände. Dritte Auflage. 1907.

VERLAG VON ERNEST LEROUX IN PARIS.

Les religions et les philosophies dans l'Asie centrale. 3me édition 1900.

Trois ans en Asie. Nouvelle édition 1905.

Kolibri 360 GmbH
Ferdinand-Jühlke-Straße 7
99095 Erfurt, Deutschland
produktsicherheit@kolibri360.de